Pythonと実例で学ぶ
微分方程式

— はりの方程式から感染症の数理モデルまで —

博士(理学) 神永 正博 著

コロナ社

ま　え　が　き

　本書は IT 活用型の微分方程式の教科書です。おもに，微分方程式を現実問題に応用したい学生・エンジニアの方々へ向けて書かれています。微分方程式の標準的な解法や，微分方程式が現実問題にどのように応用されるかを理解するとともに，Python を活用して現実問題を解けるようになることが目的です。

　微分方程式は，自然科学，工学，医学などの共通言語です。多様な分野における現象を微分方程式の言葉によって記述し，現象の背後にあるメカニズムを解明し，未来を予測します。機械工学や土木工学を学ぶ方は，機械や建物の振動を解析するために微分方程式の応用としてモード解析を学ぶでしょうし，医学や疫学を学ぶ方は，感染症の拡大を予測するために微分方程式で記述された感染症の数理モデルを学ぶでしょう。本書では，こうした諸分野の入り口から少し内側にまで立ち入って，微分方程式がどのように活用されているのかまで説明します。さまざまな分野に興味を持ち，あちこち寄り道しながら微分方程式を学びたい方に向いています。

　こうした多様な分野の入門的解説に加え，その多くに Python コードが付属しており，実際に動かして学ぶことができます（サンプルコードはコロナ社の書籍紹介ページ†からダウンロードできます）。Matplotlib ライブラリを使ったグラフの描画はもちろんですが，`scipy.optimize`を用いた実データへの当てはめ方を学んだり，気象予報士の試験問題や，電験三種（第三種電気主任技術者試験）の問題を解いたりもします。その他，電気工学で使われるインピーダンスや，ローパスフィルタ回路がどのように雑音を除去するかなども学べます。微分方程式を数式処理ライブラリ SymPy で解く方法を知り，`scipy.odeint`ライブラリによる数値計算ソルバを使えるようになります。

　興味がある方のために，数値解析の理論も紹介しました。例えば，`scipy.odeint`ライブラリは内部で数値計算アルゴリズムを切り替えています。なぜ切り替えなければならないのか，なぜ標準解法として知られるルンゲ・クッタ法だけでは済まないのかなどについて，疑問に思う方がいらっしゃるかもしれません。これらについても説明し，数値計算ソルバを自分で実装できるところまで案内いたします。

　事前に必要なのは，大学初年次に学ぶ微分積分学と線形代数学の知識，それに Python の実行環境がインストールされている PC だけです。理解を深めるための章末問題も 100 題用意しました（解答は，コロナ社の書籍紹介ページからダウンロードできます）。楽しんでいただけたら幸いです。

---

†　https://www.coronasha.co.jp/np/isbn/9784339061239/

　本書執筆にあたり，感染症の数理モデルについては東京大学大学院数理科学研究科教授の稲葉寿先生，電気回路については東北学院大学工学部教授の吉川英機先生，Python プログラムについては同じく東北学院大学工学部講師の森島佑先生からご助言いただきました。記して感謝申し上げます。

2021 年 8 月

神永　正博

目　　　　　次

1.　変数分離形の微分方程式

2.　変数分離形以外の 1 階微分方程式

3.　定数係数線形方程式

4.　ラプラス変換，Pythonで厳密解・流れの可視化

5.　Pythonで微分方程式を解く

6.　Python で数値解析

1

変数分離形の微分方程式

本章では，最初に微分方程式とは何なのか，微分方程式を解くとはどういうことかを説明し，積分するだけで解ける微分方程式と変数分離形の微分方程式について多くの具体例とともに説明していきます。1 階の微分方程式はそれこそ無数にあるのですが，特に基本的で重要なものは変数分離形の方程式です。じつのところ，実用面で最も役立つタイプの微分方程式といっても過言ではありません。微分方程式の説明とともに，関数のグラフの描画や科学技術計算処理に利用されるライブラリ NumPy と Matplotlib についても説明します。

1.1　微分方程式とは何か

最初に準備運動を兼ねて，1 階に限らず，微分方程式とは何かを簡単に説明してから，ただ積分すれば解が求まる微分方程式について説明します。

1.1.1　微分方程式を解くということ

定数 C_1，C_2 を含む関数

$$x(t) = C_1 \cos t + C_2 \sin t \tag{1.1}$$

を考えます。つぎの x と，x の微分を使って，定数を消去してみましょう。

$$x(t) = C_1 \cos t + C_2 \sin t$$
$$x'(t) = -C_1 \sin t + C_2 \cos t$$
$$x''(t) = -C_1 \cos t - C_2 \sin t$$

となりますので

$$x''(t) = -x(t) \tag{1.2}$$

とすることで定数を消去できます。式 (1.2) のような，関数とその微分からなる方程式を**微分方程式**（differential equation）といい，これを満たす式 (1.1) のような関数を求めることを式 (1.2) を解くといいます。式 (1.2) は 2 階の微分を含んでおり，2 階よりも階数の高い微分は含まれていないので，2 階の微分方程式といいます。一般にその微分方程式が含む微分の最大の

階数が k のとき，k 階の微分方程式といいます。現象の解析に使われる微分方程式は，1階か2階のものが多いのですが，3階，4階の微分方程式もあります。

後ほどさまざまな例を見ていきますが，自然現象は微分方程式の形で記述されることが多く，その振舞いを調べるために微分方程式を解くわけです。

定数を消去する方法は1通りとは限りません。$x''''(t) = x(t)$ は，4階の微分方程式ですが，明らかに式 (1.1) を含んでいますし，定数を1つだけ消去した関係式として

$$x^2 + (x')^2 = C \tag{1.3}$$

も微分方程式（$C \geqq 0$ は定数）です。これは1階の微分方程式です。

1.1.2 常微分方程式と偏微分方程式

いま述べた微分方程式は，正確には，**常微分方程式**（ordinary differential equation）と呼ばれます。これは変数が1つだけ，例えば時刻 t のみの微分方程式という意味です。変数が2つ以上の微分方程式を**偏微分方程式**（partial differential equation）といいます。本書では偏微分方程式を扱いませんが，常微分方程式との違いと両者の関係について簡単に触れておきます。

例えば

$$\frac{\partial^2 u}{\partial t^2} = c^2 \frac{\partial^2 u}{\partial x^2} \tag{1.4}$$

は，時刻 t，（直線上の）位置 x という2つの変数を持つ関数 $u = u(t, x)$ が満たす方程式で，偏微分方程式の1つです。この方程式は，**波動方程式**（wave equation）と呼ばれている重要な方程式で，速度 $c\,(\neq 0)$ の波の運動を記述しています。常微分方程式と偏微分方程式を区別する理由の1つは，常微分方程式では定まらない定数（式 (1.1) で出てきた C_1，C_2 のようなもの）の数が有限であるのに対し，偏微分方程式では，（標語的にいえば，ということですが）解が無数の定数を含むということです。有限と無限という点で扱いが根本的に違ってくるのです。常微分方程式よりも偏微分方程式のほうが数学的には難しい対象ですが，偏微分方程式を解く際には常微分方程式が基礎となります。歴史的には，フーリエ（Jean Baptiste Joseph Fourier）[†]が，熱方程式（拡散方程式ということもあります）の初期値・境界値問題

$$\frac{\partial u}{\partial t} = \frac{\partial^2 u}{\partial x^2}$$

$$u(0, x) = f(x)$$

$$u(t, a) = u(t, b) = 0$$

を解く際に，次節で扱う変数分離形の微分方程式と，3章で扱う定数係数の線形微分方程式が

[†]　ジャン・バティスト・ジョゼフ・フーリエは，18世紀後半から19世紀前半にかけて活躍したフランスの数学者・物理学者です。熱伝導に関する研究から**熱方程式**（heat equation）を導出して，これを解くためにフーリエ級数の理論を展開しました。

現れました[†1]。これらの常微分方程式を解くことで，熱方程式を解くことができたのです。このように，解の構成を行う際に常微分方程式を解くことがありますが，特殊な形の解を求める際に常微分方程式を解く必要が出てくることもあります。例えば，光ファイバ内の光パルスの運動は，空間 1 次元の**非線形シュレディンガー方程式**（nonlinear Schrödinger equation）

$$i\frac{\partial u}{\partial t} + \frac{\partial^2 u}{\partial x^2} + |u|^{p-1}u = 0 \tag{1.5}$$

で記述されます。i は虚数単位です。$p > 1$ は定数ですが，応用上は，$p = 3$ に取ることが多いようです。u の正確な意味づけは難しいですが，だいたい光波の包絡線関数と考えればよいでしょう。工学的には，大容量の光通信を実現する際に出会う方程式です。この方程式の**定在波解**（standing wave solution）は，$u(t,x) = e^{i\omega t}\varphi(x)$ という形の解ですが，これを式 (1.5) に代入すると

$$i(i\omega)e^{i\omega t}\varphi + e^{i\omega t}\varphi'' + |\varphi|^{p-1}e^{i\omega t}\varphi = 0$$

となります。両辺を $e^{i\omega t}$ で割ると，つぎの常微分方程式が得られます。

$$\varphi'' - \omega\varphi + |\varphi|^{p-1}\varphi = 0 \tag{1.6}$$

　詳しい話は多くの準備が必要なので立ち入りませんが，式 (1.6) の解を調べることで，光ファイバ中の光波の動きがわかるのです。このように，偏微分方程式の特別な解を調べる際に常微分方程式が現れることがあります。

　ここで，非線形という言葉が出てきました。波の重ね合せができる（解の 1 次結合もまた同じ方程式の解になっている）方程式を線形方程式，できないものを非線形方程式といいます（線形方程式の正確な定義については，2.2 節をご参照ください）。波動方程式と熱方程式は線形方程式で，非線形シュレディンガー方程式は名前のとおり非線形方程式です。

　先ほど，常微分方程式は偏微分方程式より簡単だといいましたが，これは数学的な取扱いが入門段階で比較的簡単ということであって，最先端の研究において常微分方程式のほうが簡単というわけではありません。式 (1.6) でもわからないことがいろいろとありますし[†2]，昔から研究されている難問として，**三体問題**（the three-body problem）があります。三体問題とは，3 つの天体の運動を記述する常微分方程式の性質を調べる問題ですが，その解の複雑さは驚くべきものです。ポアンカレ（Henri Poincaré）は，「三体問題がいかに複雑なものか，またこの

[†1]　波動方程式との違いは，時間微分が 1 階になっただけですが，解の性質は随分違います。例えば，熱方程式では，時間がわずかでも経過すれば，初期値（ここでいえば $f(x)$）が滑らかでなくても解は非常に滑らかになる（平滑化効果がある）のに対し，波動方程式ではそうならず，解の特異性（滑らかでない部分）が伝播する（解の特異性の伝播）ことが知られています。

[†2]　昔，大学時代の友人と 2 人で，反発的な非線形項を持つ非線形シュレディンガー方程式に，吸引的なデルタポテンシャルが入った場合の定在波解の安定性を巻末の文献1) のように調べたことがあります。論文を書くにあたりいろいろと調べて仰天したのは，このようにごく基本的な問題があまりわかっていないことでした。非線形の微分方程式は非常に難しいのです。

問題を解くためには，われわれの既知のすべての知識とは異なった超越的な知識が，いかに必要であるかもわかってくる」[2]†といっています。

1992 年，三体問題について，3 つの星が 8 の字型の軌道を描く，いわゆる 8 の字解が存在することが証明されました[3]。これは数値解が発見され，後に数学的な存在証明がなされたものですが，このような解があるなんてほとんど信じられないような話です。宇宙は広いので，どこかに本当に 8 の字軌道の天体があるのかもしれません。三体問題にはいまでも多くの謎が残されています。

本書では偏微分方程式は扱わないので，以下，特に断らない限り，微分方程式と書けば，常微分方程式を意味するものとします。

1.1.3 　NumPy と Matplotlib の基本的な使い方

本書では，特に NumPy と Matplotlib というライブラリを頻繁に使いますので，ここで，必要な知識をまとめておきます。ご存じの方は読み飛ばしていただいて結構です。

以降，Python 3.6（以降）と NumPy, Matplotlib, SciPy, SymPy というライブラリがインストールされていることを前提に説明しています（互換性のない Python 2.x については対応していませんのでご注意ください）。Python のインストールについては，いくつかの方法がありますが，ウェブ上に豊富な情報がありますので，そちらを見ていただいたほうがよいでしょう。本書では，Anaconda をインストールして標準で使える Spyder を使っています。Anaconda をインストールした場合は，すでに上記の 4 つのライブラリがインストールされているはずです。

SciPy は，NumPy ベースの科学技術計算ライブラリで，使いやすいインタフェースにラッピングされています。SymPy は数式処理ライブラリで，代数計算，微分・積分，ラプラス変換などを行うことができます。SymPy と SciPy の使い方については，適宜説明することにして，ここではより頻繁に利用する NumPy と Matplotlib について説明します。

〔1〕 **NumPy の n 次元配列（ndarray）** 　　Python で配列を扱う場合，リストにする方法と ndarray にする方法の 2 つがあります。リスト化は手軽な方法ですが，処理が遅く，高速な処理が必要な科学技術計算には向いていません。Python で高速な計算を行う場合には，ndarray というデータ型にすることで，NumPy という高速なライブラリが使えるようになります。以下，単に配列といえば ndarray のことを指します。ndarray は，n-dimensional array（n 次元配列）という意味です。1 次元の配列はリストと似ていますが，リストでは異なる型が混ざっていてもよいのに対し，ndarray ではそれが許されず，すべての要素が同じ型である必要があります。IPython で少し様子を見てみましょう。IPython は，対話型の Python インタフェースで，プログラムを組むほどでないちょっとしたことを試すのに便利です。例えば，$\cos\frac{\pi}{2}$, $\cos\frac{\pi}{3}$, $\cos\frac{\pi}{4}$ を一度に計算させることを考えます。NumPy を使う場合は，このようにします。

---

† 　肩つき数字は巻末の引用・参考文献を示します。

```
In [1]: import numpy as np
In [2]: PI = np.pi
In [3]: x = np.array([PI/2,PI/3,PI/4])
In [4]: np.cos(x)
Out[4]: array([6.12323400e-17, 5.00000000e-01, 7.07106781e-01])
```

　1 行目で Numpy を np という名前をつけてインポートしています。これは広く使われている略記法ですので，本書でもこれにならいます。2 行目で NumPy 用の π に PI という名前をつけました。3 行目では，$(\pi/2, \pi/3, \pi/4)$ という 1 次元配列（ndarray 型のデータ）をつくっています。4 行目では，この x=(x[0]，x[1]，x[2]) という配列に対して，[cos(x[0])，cos(x[1])，cos(x[2])] の値を計算しています。配列の要素ごとに正弦の値を求めて並べたものが出力されていることがわかるでしょう。$\cos\dfrac{\pi}{2}$ は 0 にならなければなりませんが，ここでは非常に小さい値ではあるものの 0 にはなっていません。これは数値計算の誤差によります。続けて，x の要素をまとめて 2 倍してみましょう。つぎのように書くだけです。ベクトルのスカラー倍と同じです。

```
In [5]: 2*x
Out[5]: array([3.14159265, 2.0943951 , 1.57079633])
```

　同じ型の配列なら，ベクトルのように足すこともできます。

```
In [6]: y = np.array([1, 2, 3])
In [7]: z = np.array([3, 8, 9])
In [8]: y+z
Out[8]: array([ 4, 10, 12])
```

　掛け算やべき乗の計算もできます。例えば，t を ndarray 型にして $t^2 + 2t + 3$ とするとつぎのようになります。Python では，a^b は，a**b で表します。

```
In [9]: t = np.array([1, 2, 3, 4])
In [10]: t**2+2*t+3
Out[10]: array([ 6, 11, 18, 27])
```

　このように成分ごとに計算してくれるわけです。

　ndarray では複素数を扱うこともできます。微分方程式を解くために必要となる特性方程式という代数方程式がありますが，その解が複素数のとき，オイラーの公式（$e^{i\theta} = \cos\theta + i\sin\theta$）を経由して複素数成分を持つ配列を扱う場合がありますので，ここで簡単に説明しておきましょう。Python では虚数単位を j で表現します。これは電気工学などで一般に使われる記法です。電気工学では，電流を i で表現するため，i を虚数単位としては使わずに j を使うことになったのです。本書では，数学の慣習に従って虚数単位を i で表しますが，Python での表現は j になるので混同しないようご注意ください。

　例えば，$z = (-1 + 5i, 1.4 + 7.6i, -1.7 + 0.5i)$ というベクトル（配列）はつぎのように表現します[†]。

[†]　dtype を参照して z.dtype とするとその型（プラットフォームに依存）が表示されます。筆者の環境では，dtype('complex128') と出ます。

```
In [11]: z = np.array([ -1.0+5.0j,  1.4+7.6j,  -1.7+0.5j])
```

もちろん，複素数演算もできます。例えば，$(-2.2+3.4i)z$ と，$\exp(z) = (\exp(z[0]), \exp(z[1]),$ $\exp(z[2]))$ は，つぎのように計算できます。複素数の指数関数は，$z = x + iy$ （x, y は実数）に対し，$\exp(z) = \exp(x) \cdot \exp(iy) = e^x(\cos y + i \sin y)$ と解釈されます。

```
In [12]: (-2.2+3.4j)*z
Out[12]: array([-14.8 -14.4j , -28.92-11.96j,   2.04 -6.88j])
In [13]: np.exp(z)
Out[13]: array([0.10435349-0.35276853j, 1.01890891+3.92510782j,
         0.16031988+0.08758315j])
```

本書では，np.linspace と arange という関数をよく使います。いずれも等差数列（配列）を生成する関数です。大雑把にいえば，np.linspace 関数は始点と終点の分割数を与えるのに対し，arange 関数では，公差を与えて数列を生成します。

最初に np.linspace 関数を説明しましょう。この関数の引数は，以下の start, stop, num の３つです（引数は，このほかにもありますが，本書では触れません）。

```
numpy.linspace(start, stop, num = 50)
```

ここにおける，引数 start は始点（初項）で，stop は数列の終点（末項）です。いずれも int 型（整数型）または float 型（浮動小数点型）です。num という引数は，生成する配列（ndarray）の要素の数で，デフォルト値は 50 に設定されています。例えば

```
t = np.linspace(-PI, PI, 10000)
```

とすると，t は，$-\pi$ を始点（$t[0] = -\pi$）とし，π を終点（$t[9999] = \pi$）とした等差数列

$$t[j] = -\pi + \frac{2\pi j}{9999} \quad (j = 0, 1, \cdots, 9999)$$

になります（もちろん，要素の数は 10000 です）。一般に，公差は

$$\frac{\text{stop} - \text{start}}{\text{num} - 1}$$

になります。分母が num -1 になっているのは，デフォルトで，endpoint = True になっているためです。これは終点が含まれるという意味です。もし，終点を含まないようにしたければ，endpoint = False とします。このとき，公差は

$$\frac{\text{stop} - \text{start}}{\text{num}}$$

になります。本書ではデフォルトのまま使いますので，以下，endpoint については気にしないことにします。

NumPy で等差数列をつくるもう１つの方法が arange という関数を使う方法です。arange 関数では，（デフォルトで）終点の値を含みません。linspace 関数では（デフォルトで）終点の値を含みます。また，arange 関数では，初項を指定しなくてもよい場合があります。例えば

```
In [14]: np.arange(10)
Out[14]: array([0, 1, 2, 3, 4, 5, 6, 7, 8, 9])
```

のように，初項は 0 で，公差 1，終点の値を含まない 10 項からなる等差数列が得られます。
linspace 関数と同様に，始点と終点，公差を変更することもできます。例えば，始点（初項）
1 で公差 0.5，5 未満の等差数列をつくるには，つぎのようにします。

```
In [15]: np.arange(1, 5, 0.5)
Out[15]: array([1. , 1.5, 2. , 2.5, 3. , 3.5, 4. , 4.5])
```

〔2〕 **Matplotlib**　　Matplotlib は図（グラフ）を描くのに使うライブラリです。非常に
多機能のライブラリで，やる気になればかなり凝ったこともできますが，本書で利用するのはご
く一部です。IPython に近い**状態ベースインタフェース**（state-based interface）の Pyplot と，
オブジェクト指向インタフェースがあります。Pyplot は MATLAB に類似したインタフェー
スで，とても手軽ですが，少し手の込んだことをするときは，オブジェクト指向インタフェー
スを使うとよいでしょう。本書では両方とも使っています。順に説明しましょう。

　例えば，IPython で $e^t \sin 10t$ のグラフを描きたいときは，つぎのようにします。t の範囲は，
$[-2, 2]$ としました。

```
In [16]: import matplotlib.pyplot as plt
In [17]: import numpy as np
In [18]: t = np.linspace(-2, 2, 100)
In [19]: plt.plot(t, np.exp(t)*np.sin(10*t))
```

すると，**図 1.1** が描かれます。Spyder IDE では，図はデフォルトでプロットペイン（Spyder
の右上の領域で，「プロット」タブをクリックすると見ることができます）と呼ばれるところに
描画されます。

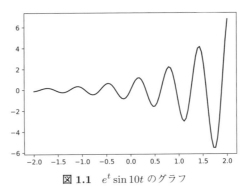

図 1.1　$e^t \sin 10t$ のグラフ

plt.plot(x, y) のように書いた場合，x と y は同じ長さの配列でなければなりません。と
いうのは，plt.plot は，$(x[0], y[0]), (x[1], y[1]), \cdots$ というように x, y をおのおの x 座標，y
座標として点を打っていくからです。いまの場合はもちろん同じ長さになっています。

　図 1.1 では，タイトルをつけたり，軸の名前をつけたりしていませんが，やる気になればい
ろいろとできます。例えば，先ほどの操作の後に，**リスト 1.1** のプログラムのように書けば，
タイトルや軸のラベルをつけることができます。ドルマークで囲んであるものは TeX という組
版ソフトの書式です。もう少し凝った図を描いてみましょう。そのためには，小さなプログラ
ムを書くほうが好都合です。

リスト **1.1** (matplotlibexample.py)

```
1  import matplotlib.pyplot as plt
2  import numpy as np
3  t = np.linspace(-2, 2, 100)
4  plt.plot(t, np.exp(t)*np.sin(10*t))
5  plt.title('sample graph $x(t)=e^t\sin 10t$')
6  plt.xlabel('t')
7  plt.ylabel('x')
8  plt.show()
```

リスト 1.1 のプログラムを実行すると，**図 1.2** のようになります。少し見栄えがよくなりました。Python で Matplotlib を使用するときは，最後に `plt.show` 関数を呼んでグラフを表示します[†1]。7 行目の後に，グラフの画像を所望のファイル形式で保存することもできます。レポートを書く場合には，画像ファイルの形で保存しておくと便利でしょう。そのためには，8 行目の `plt.show()` に `#` をつけてコメントアウトして，代わりに

```
plt.savefig('graph.png')
```

のような形式で保存したいファイル名を書けば，Python が拡張子（ここでは png）から自動的に判別してくれます。eps, jpeg, jpg, pdf, pgf, png, ps, raw, rgba, svg, svgz, tif, tiff の各ファイル形式に対応しています[†2]。

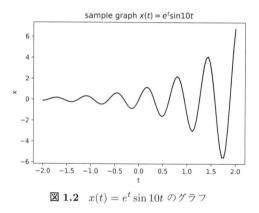

図 1.2　$x(t) = e^t \sin 10t$ のグラフ

このほかにも凡例をつけたり，グラフ中に文字を入れたり，軸の表示範囲を変えたり，目盛を調整したり，線の色や種類，太さを変えたりなどいろいろとできるのですが，グラフに凝るとプログラムが長くなってしまい，大事なところが見えにくくなってしまいますので，本書では必要最小限に留めます。

つぎにオブジェクト指向的な方法を説明しましょう。この方法は，特に複数のグラフを並べて表示する例を見るとわかりやすいと思います。**リスト 1.2** のプログラムを実行すると，**図 1.3** が表示されます。

[†1]　`plt.show` 関数は，Python のセッションごとに使う必要があります。何度も使うと奇妙な動作をすることがあります。

[†2]　eps が透過処理に対応していないなどの問題もありますが，ここでは個別のファイル形式の問題についてはこれ以上触れません。

───────── リスト **1.2** (matplotlibexample2.py) ─────────

```
 1  import numpy as np
 2  import matplotlib.pyplot as plt
 3
 4  t = np.linspace(-5, 5, 1000)
 5  x1 = np.sin(t)
 6  x2 = np.cos(t)+t/5
 7  x3 = np.sin(t)**2
 8  x4 = np.sqrt(np.abs(t))*np.cos(t)
 9  x5 = np.cos(t)
10
11  fig = plt.figure()
12
13  ax1 = fig.add_subplot(2,2,1)
14  ax1.plot(t, x1)
15  ax1.set_ylim(-2.5, 2.5)
16
17  ax2 = fig.add_subplot(2,2,2)
18  ax2.plot(t, x2)
19  ax2.set_ylim(-2.5, 2.5)
20
21  ax3 = fig.add_subplot(2,2,3)
22  ax3.plot(t, x3)
23  ax3.set_ylim(-2.5, 2.5)
24
25  ax4 = fig.add_subplot(2,2,4)
26  ax4.plot(t, x4)
27  ax4.set_ylim(-2.5, 2.5)
28
29  #ax3.plot(t, x5)
30  plt.show()
```

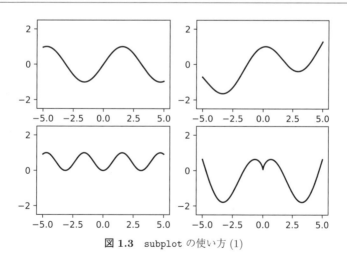

図 **1.3** subplot の使い方 (1)

リスト 1.2 のプログラムの中身を説明しましょう。11 行目で，新規のプロット用ウインドウ（グラフを描く領域）を確保しています。この領域にグラフを描くには，13 行目のように，fig.add_subplot() を使います。これによって figure オブジェクト fig の部分領域が確保さ

れ，グラフ，軸の目盛，ラベルなどを扱う axes オブジェクトが返されます。ここで，(2，2，1) というのは 2 行（縦方向）2 列（横方向）の 1 番目という意味です。番号のつけ方は，**図 1.4** のようになります。カンマは省略可能であり，`fig.add_subplot(2, 2, 1)` の代わりに，`fig.add_subplot(221)` と書くこともできます。これが `ax1` というオブジェクトですが，これに対して，plot メソッドを使ってグラフを描き，さらに y 軸の範囲を -2.5〜2.5 に設定しています。他も同様です。

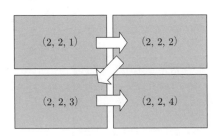

図 1.4 subplot で指定する
プロット位置

グラフの数式は，順に，$x_1(t) = \sin t$，$x_2(t) = \cos t + \dfrac{t}{5}$，$x_3(t) = \sin^2(t)$，$x_4(t) = \sqrt{|t|}\cos t$ ですが，ここで選んだ数式に特に意味があるわけではありません。適当に書き換えてみてください。

29 行目はコメントアウトされていますが，# を外し

```
ax3.plot(t, x5)
```

とすると，**図 1.5** のように，3 番目，つまり，左下の (2, 2, 3) の位置に $x_5(t) = \cos t$ のグラフが重ね描きされます。

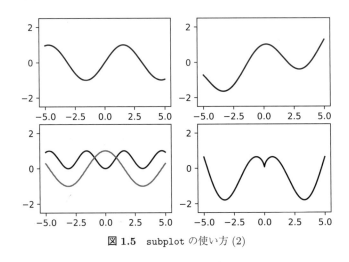

図 1.5 subplot の使い方 (2)

1.1.4 はりはどうたわむのか

ここでは，単に積分すればよいだけの微分方程式の中でも，実用性もあって面白い，つぎのような**はり**（beam）のたわみの微分方程式を取り上げて解説します。

建物などで「柱」は垂直方向に建つ構造部材ですが，その柱に対して水平方向に架かる部材が

「はり」です。**図 1.6** のようなものを考えます。たわみの微分方程式はつぎのように表されます。

$$EI\frac{d^4y}{dx^4} = q(x) \tag{1.7}$$

ここで，y は変位の大きさ，E は**ヤング率**（Young's modulus）と呼ばれる動軸方向のひずみと応力の比例定数です。要するにヤング率は，引っぱったときにどれくらい変形するかを測定して求める量で，材料のばね定数のようなものです。あまり大きく変形させると比例関係が崩れてしまいますので，そうならない範囲で考えます。通常，ヤング率は，$1000\,\mathrm{N/mm^2}$ を $1\,\mathrm{GPa}$（ギガパスカル）として GPa 単位で表現します。ヤング率が大きいほど変形しにくいことを意味します。例えばステンレス（SUS304）のヤング率は，約 $200\,\mathrm{GPa}$ で，アルミニウムでは，約 $70\,\mathrm{GPa}$ です。アルミニウムよりステンレスのほうが変形しにくいというわけです。体感的にも納得できる数字ではないでしょうか。参考までにおもな材料のヤング率を**表 1.1** に示しておきましょう。値は参考値で，文献によって異なる場合があります（ここでは，小栗・小栗[4]を参照しました。コンクリートのヤング率は文献によっては約 $30\,\mathrm{GPa}$ あります）。実験によってこういう基礎データを集めておくと，後でいろいろと応用が利くわけです。

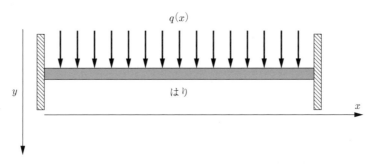

図 1.6　はり（両端固定ばり）

表 1.1　おもな材料のヤング率

材料名	ヤング率〔GPa〕
錬　鉄	192〜200
金	69〜93
銀	59〜78
木　材	3.9〜11
コンクリート	20

I は**弾性 2 次モーメント**（area moment of inertia）と呼ばれる曲げモーメントに対するはりの部材の変形のしにくさを表した量です。通常，単位は $\mathrm{m^4}$ です。ヤング率と同じように感じられるかもしれませんが，弾性 2 次モーメントは，部材の断面形状と大きさで決まる量です。EI は**曲げ剛性**（flexural rigidity）で，部材の断面形状や大きさ，材料も含めた曲げにくさを表しています。x は部材の一方の端点からの距離で，$q(x)$ は x におけるはりにかかる荷重の大きさを表しています。y ははりがたわんだときの鉛直下向きのたわみを表しています。図 1.6 では，はりの両端が支えられていますが，一方だけのこともあります。はりに対して同じように

荷重がかかるとき（等分布荷重）は，$q(x)$ は定数 q となります。

　微分方程式 (1.7) の右辺は x だけの関数ですので，式 (1.7) を繰り返し不定積分していけば y が求まります。つぎのような等分布荷重の場合を考えましょう。

$$EI\frac{d^3y}{dx^3} = qx + C_1$$

$$EI\frac{d^2y}{dx^2} = \frac{1}{2}qx^2 + C_1x + C_2$$

$$EI\frac{dy}{dx} = \frac{1}{6}qx^3 + \frac{1}{2}C_1x^2 + C_2x + C_3$$

$$EIy = \frac{1}{24}qx^4 + \frac{1}{6}C_1x^3 + \frac{1}{2}C_2x^2 + C_3x + C_4$$

　はりの長さを l とし，両端が固定されているとして，$y(0) = y(l) = 0$，さらに，両端でのはりの傾きも無視できる $y'(0) = y'(l) = 0$ と仮定します。これは**両端固定ばり** (beam fixed at both ends) の場合に対応します。両端固定ばりは，はりの両端がコンクリートなどに埋め込まれているところをイメージすればよいでしょう。このように，両端での条件から解を求める問題を**境界値問題** (boundary value problem) といいます[†]。この仮定を満たすように定数を決めましょう。$C_3 = C_4 = 0$ であることはすぐにわかりますので

$$EIy = \frac{1}{24}qx^4 + \frac{1}{6}C_1x^3 + \frac{1}{2}C_2x^2$$

となることがわかります。$y'(l) = 0$ より

$$\frac{1}{6}ql^3 + \frac{1}{2}C_1l^2 + C_2l = 0$$

が得られます。また，$y(l) = 0$ より

$$\frac{1}{24}ql^4 + \frac{1}{6}C_1l^3 + \frac{1}{2}C_2l^2 = 0$$

となり，これらを解いて

$$C_1 = -\frac{q}{2}l, \quad C_2 = \frac{q}{12}l^2$$

が得られますので，はりのたわみ y は

$$y = \frac{q}{24EI}x^2(l-x)^2$$

となります。両端がしっかり固定されているので，ちょうど真ん中が一番変位が大きいわけです。最大のたわみは，$x = l/2$ での値ですから

$$y_{\max} = \frac{ql^4}{384EI}$$

[†] 本書ではこれ以上扱いませんが，重要な問題です。特に 2 階線形微分方程式の境界値問題は，直交関数系などと関係し，巨大な理論体系ができています。

ということになるわけです。

　これは両端固定ばりの場合ですが，**単純固定ばり**（simple supported beam）の場合は異なる値になります。

　単純固定ばりは，**図 1.7** のようにちょうどはりの部材を丸木橋のように両岸におくイメージです。つまり，両端は固定されてはいますが，端点では微分が 0 にならない場合です。この場合は，固定点が変曲点になるように方程式が決まり，つぎの形になります。

$$EI\frac{d^2y}{dx^2} = -\frac{1}{2}qx(l-x) \tag{1.8}$$

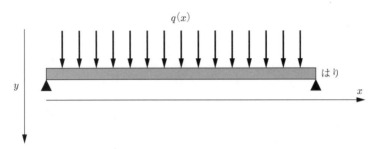

図 1.7　はり（単純固定ばり）

　式 (1.8) を 2 回積分すると

$$EIy = \frac{1}{24}qx^4 - \frac{1}{12}qlx^3 + C_3x + C_4$$

となり，$y(0) = 0$ から $C_4 = 0$，$y(l) = 0$ から $C_3 = \frac{1}{24}ql^3$ が得られますので

$$EIy = \frac{1}{24}qx(x^3 - 2lx^2 + l^3)$$

となることがわかります。これは

$$EI\frac{dy}{dx} = \frac{1}{24}q(4x^3 - 6lx^2 + l^3)$$
$$= \frac{1}{24}q(2x - l)(2x^2 - 2lx - l^2)$$

となります。右辺が 0 になるのは，$x = l/2$ のときか，$x = (1\pm\sqrt{3})l/2$ のときですが，$0 \leq x \leq l$ の範囲では，最大のたわみは，$x = l/2$ で達成され，その値は

$$y^*_{\max} = \frac{5ql^4}{384EI}$$

となり，両端固定ばりの 5 倍の値になっています。注意すべきことは，いずれの最大値も l の 4 乗に比例するということです。2 倍の長さのはりを考えると最大のたわみは $2^4 = 16$ 倍になってしまうのです。材料の強度をよく考えて長さを決めないと，たいへんなことになりそうです。

　グラフも描いてみましょう。**リスト 1.3** のプログラムを実行してみてください。実行すると**図 1.8** が描かれます。ここでは，$q=1$〔N/mm〕，$l=1000$〔mm〕，$E=192000$〔N/mm^2〕，$I=2000$〔mm^4〕としています。

――――――――――――――― リスト 1.3 （beam.py）―――――――――――――――

```python
import matplotlib.pyplot as plt
import numpy as np

fig, ax = plt.subplots()
ax.set_xlabel('x[mm]')
ax.set_ylabel('y[mm]')
ax.set_title('Curved Beam')
ax.grid()

q = 1; L = 1000; E = 192000; I = 2000
x = np.linspace(0, 1000, 4000)
y = q*x**2*(L-x)**2/(24*E*I)
z = q*x*(x**3 - 2*L*x**2 + L**3)/(24*E*I)

ax.plot(x, y, label="beam fixed at both ends", linestyle="dotted", color="
    black")
ax.plot(x, z, label="simple supported beam", color="black")
ax.legend()
fig.tight_layout()
plt.show()
```

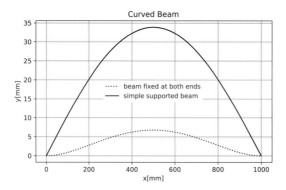

図 1.8　等分布荷重を受ける両端固定ばりのたわみ曲線
（両端固定ばりと単純固定ばり）

　リスト 1.3 のプログラムの 1 行目の `matplotlib`，2 行目の `numpy` の説明はすでにしていますが，8 行目の `ax.grid` は初出です。このメソッドは，目盛線（グリッド線）を入れるためのもので，15 行目，16 行目では，ラベルと線種，曲線の色を指定しています。17 行目は凡例を入れるメソッドです。18 行目の `fig.tight_layout()` で凡例の位置を曲線の邪魔にならないように調整しています。筆者は，凡例の位置を調整するのが面倒なので，必要なくても `fig.tight_layout()` と書いておくようにしています。

　はりの方程式で固定点を変えたり，荷重 $q(x)$ を変えたりすることによって，さまざまな解が

得られるわけです。なるほどこれは建物の設計に欠かせない知識です。

補足 1.1 はりの方程式は，曲げモーメント $M(x)$ がわかるときには

$$EI\frac{d^2y}{dx^2} = -M(x)$$

と書くことができます。

補足 1.2 はりの方程式は，テンソルの話であるため，導出は見た目ほど簡単ではありません。導出も含め，ランダウ＝リフシッツ[5] の第 2 章に詳細がありますので，興味のある方はご参照ください。

1.2　変数分離形の方程式

最も簡単で重要な微分方程式は，変数分離形の微分方程式です。微分方程式についてたった1つだけ教えてほしいといわれたら，変数分離形の方程式を教えると思います。つぎのような

$$\frac{dx}{dt} = f(t)g(x) \tag{1.9}$$

という形の方程式を変数分離形の微分方程式といいます。変数分離形の方程式を扱う文脈では，ある量の時間変化を記述する場合が多いので，t を変数としました。ここでの問題は，式 (1.9) を満たすすべての $x = x(t)$ を求めることです。

難しいことを考えなければ式 (1.9) を解くのは簡単で，つぎのように両辺を $g(x)$ で割って t で積分するだけです。

$$\int \frac{1}{g(x)}\frac{dx}{dt}dt = \int f(t)dt$$

左辺を書き換えると

$$\int \frac{1}{g(x)}dx = \int f(t)dt$$

となります。いわばこれが式 (1.9) の解の公式にあたります。これに $x(t_0) = x_0$ のような条件（これを**初期条件**（initial condition）といいます）を満たすものを求める問題を**初期値問題**（initial value problem）といいます。

変数分離形の方程式はきわめて重要ですので，たくさんの例を訪ねてイメージをつくっていきましょう。そのうえでやや細かい話をすることにします。

1.2.1　放射性炭素年代測定

放射能を持つ元素の原子核は，時間が経つと崩壊して別の元素に変化していくことが知られ

ており，崩壊は一定時間に一定の確率で起こることがわかっています。時刻 t における原子数を $N(t)$ とすると

$$\frac{dN}{dt} = -\lambda N$$

という微分方程式が成り立ちます。方程式を解くには，つぎのように両辺を N で割って t で積分すればよいのでした。

$$\int \frac{1}{N}\frac{dN}{dt}dt = -\lambda \int dt$$

これは

$$\int \frac{1}{N}dN = -\lambda t + C$$

と書き直せるので，積分を実行すると

$$\log |N| = -\lambda t + C$$

となります。これは

$$N = \pm e^C e^{-\lambda t}$$

となりますが，$\pm e^C$ を改めて C とおけば

$$N(t) = Ce^{-\lambda t}$$

となります。時刻 $t=0$ のときの原子の数を $N(0) = N_0$ とすると

$$N(t) = N_0 e^{-\lambda t}$$

となります。これは実際に成り立つ式です。特に原子の数が半分になる時刻を**半減期** (half-life) といいます。つまり

$$\frac{N_0}{2} = N_0 e^{-\lambda t}$$

となる t が半減期です。つまり，$t = \dfrac{\log 2}{\lambda}$ が半減期です。これは物質によって決まった値になります。比較的短いものでは，塩素 38 (^{38}Cl) の 37 分，長いものでは，ウラン 238 (^{238}U) の 45 億年というものまでさまざまです。

　1947 年，シカゴ大学のリビー（Willard Libby）は，炭素 14 (^{14}C) という放射性同位元素を使って年代測定する方法を提案しました。リビーは，この業績で 1960 年にノーベル化学賞を受賞しています。彼のアイデアはシンプルですがたいへん秀逸なものです。

　リビーのアイデアの核になる考え方はこうです。生き物の体内には，放射性同位体である炭素14がおよそ炭素1兆個につき1個という一定の割合で存在することが知られています（正確には，炭素14は1g（5.03×10^{22} 個）の炭素の中に 6.7×10^{10} 個の割合）。生き物の体内における存在比率はその生き物が死ぬまで変化しませんが，生き物が死んでしまうと新しい炭素が供給されなくなり，存在比率が下がってきます。炭素14は時間が経つとベータ崩壊（ベータ線（＝高速度の電子または陽電子の流れ）を放出して崩壊すること）を起こして窒素14になる性質を持っています。炭素14の半減期が5730年[†1]であることを利用すれば，通常の安定な炭素12との比率を計算することで，年代測定ができるわけです[†2]。例えば，木片や古文書に含まれる炭素14を測定することで，考古学などで重要な年代を見積もります。ここで，ある木片の炭素14の割合が9割になっているとすれば

$$\left(\frac{1}{2}\right)^{\frac{t}{5730}} = 0.9$$

を解いて，その木が生きていたのは

$$t = -\frac{5730 \times \log(0.9)}{\log 2} \approx 871$$

となり，871年前だと見積もることができるのです。IPythonコンソールにおいて，つぎのようにすれば計算できます。

```
In[20]: import numpy as np
In[21]: -5730*np.log(0.9)/np.log(2)
Out[21]: 870.9777254401362
```

　これが**放射性炭素年代測定**（radiocarbon dating）の原理です。この方法は考古学・古生物学に革命を起こしました。1つの大きな成果として，縄文時代の開始年代の推定が挙げられるでしょう。1959年，ミシガン大学の研究者が，縄文時代の土器などに注目し，出土した貝殻や木炭に対して放射性炭素年代測定を行ったところ，貝殻ではBP9450 ± 400，木炭ではBP9240 ± 500と推定され，研究者を驚かせました（BPは，before presentという意味ですが，放射性炭素年代測定では1950年1月1日を起点とします）。これは，当時の学説を5000年近く遡ることを意味するからです。また現在では，縄文時代の開始が一万年以上前であることがはっきりしてきているそうです。

　なお，1950年代後半から1960年代前半にかけて大気中で行われた核実験は，大気中に多量の中性子を放出し，それが大気中の放射性炭素濃度を大きく増加させ，自然レベルの約2倍にまで増加しました。その後，大気中での核実験が禁止されたことによって，現在では，およそ自然レベルのプラス10％にまで下がっています[6)]。

　現在は，**加速器質量分析法**（accelerator mass spectrometry method：AMS法）と呼ばれ

[†1]　リビーは炭素14の半減期を5568年として計算していました。
[†2]　ただし，これは，過去に大気中の炭素14濃度が一定だという仮定に基づくもので，じつはこの仮定は完全には正しくないため，いろいろと補正が必要になります。

る方法で，1 mg というわずかな量の炭素から数万年前の資料の測定が可能であり，考古学研究の強力な道具になっています。

1.2.2 酵母菌の増殖，SciPy による実データへの当てはめ

一定の環境下で酵母菌のような菌類を繁殖させるとき，菌の数 N が従う方程式はつぎのようになることが知られています。

$$\frac{dN}{dt} = rN\left(1 - \frac{N}{K}\right) \tag{1.10}$$

これを**ロジスティック方程式** (logistic equation) といいます。これも変数分離形ですので，つぎのような積分で解くことができます。

$$\int \frac{1}{N(K-N)}dN = \frac{r}{K}\int dt = \frac{r}{K}t + C \tag{1.11}$$

この積分を計算するには，部分分数分解が必要です。つまり

$$\frac{1}{N(K-N)} = \frac{a}{N} + \frac{b}{K-N}$$

として係数 a, b を決める必要があります。この右辺は

$$\frac{(b-a)N + aK}{N(K-N)}$$

になりますから，$b-a = 0$, $aK = 1$ となります。よって，式 (1.11) は

$$\frac{1}{K}\int \left(\frac{1}{N} + \frac{1}{K-N}\right)dN = \frac{1}{K}\log\left|\frac{N}{K-N}\right| = \frac{r}{K}t + C$$

となりますので，これを整理して（定数を適当に取れば），$t = 0$ のときの菌の数を N_0 とすると

$$N = \frac{KN_0}{N_0 + (K-N_0)e^{-rt}}$$

が得られます。このグラフは，**図 1.9** のようになります。時間が経つにつれて菌の数は K に近づいていきます。グラフを見るとゆるい S 字型のカーブを描いています。この曲線は，**ロジスティック曲線** (logistic curve) や**シグモイド曲線** (sigmoid curve)，または単に**シグモイド** (sigmoid) と呼ばれることがあります。ロジスティック曲線は，ニューラルネットワークにおける活性化関数などでも利用されるもので，理学的，工学的にきわめて重要です。

ロジスティック曲線を，当時ソ連の生物学者ガウゼ (Georgii Frantsevich Gause)[†]の有名な文献7) の酵母菌の増殖についてのデータに当てはめてみましょう。ここでは，この文献の Experiment 1, Saccharomyces cerevisiae のデータに当てはめます。*Saccharomyces cerevisiae*

[†] ゲオルギー・ガウゼは，**競争排除則** (competitive exclusion principle) の提唱者として有名な生物学者です。競争排除則とは，同じニッチ（生態学の概念で，1 つの種が利用するまとまった範囲の環境要因のことで，生態的地位ともいいます）にある複数の種は，長期にわたって共存できないという原則のことです。

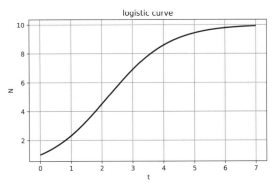

図 1.9 ロジスティック曲線

(サッカロミケス・セレビシエ) は出芽によって増える酵母菌 (出芽酵母) の一種で, 通常, 出芽酵母といえば, サッカロミケス・セレビシエを指します。単にイーストといえば, この酵母菌のことで, パン酵母と呼ばれることもあります。馴染みの酵母菌です。この文献のデータは時間と菌の量の関係を見ているものです。パンをつくったことがある方ならもちろんご存知と思いますが, 酵母菌の増え方は温度などにも依存します。この実験では 28 °C を保った状態で測定しています。

この文献に従って, ロジスティック曲線を

$$x(t) = \frac{K}{1 + e^{a+bt}}$$

の形に書き直して, K, a, b を**最小二乗法** (least-squares method) で決定します。最小二乗法とは, 誤差の二乗和 (これを**残差平方和** (residual sum of squares) といいます) が最小になるようにパラメータを選ぶ方法です。最小二乗法は, データに直線 (超平面) や曲線 (曲面) を当てはめる際に最もよく利用される方法ですので, ぜひ覚えておいてください。

リスト 1.4 のプログラムを実行すると, **図 1.10** が描かれ, K, a, b の推定値のリスト

```
[12.55960201  4.47917852 -0.32555007]
```

が出力されます†。つまり最小二乗法で求められたロジスティック曲線は

$$x(t) = \frac{12.55960201}{1 + e^{4.47917852 - 0.32555007t}}$$

ということになります。

──────────── **リスト 1.4**（Yeast.py）────────────

```python
1  import matplotlib.pyplot as plt
2  import numpy as np
3  from scipy import optimize
4
5  def logistic(K, a, b, t):
6      return K/(1+np.exp(a+b*t))
```

---

† ガウゼ[7]) における推定値は, $K = 13.0$, $a = 3.32816$, $b = -0.21827$ となっていますが, 文献のパラメータは別の実験のデータも加えた推定値ですので, 若干違っています。また, 初期値を変えると若干異なる値になることもあります。

```
 7
 8  def errorfun(param, t, x):
 9      residual = x - logistic(param[0], param[1], param[2], t)
10      return residual
11
12  fig, ax = plt.subplots()
13  ax.set_xlabel('t[Age in hours]')
14  ax.set_ylabel('x[Amount of yeast]')
15  ax.set_title('The growth of the volume of Saccharomyces cerevisiae')
16  ax.grid()
17
18  t = np.array([6, 16, 24, 29, 40, 48, 53])
19  x = np.array([0.37, 8.87, 10.66, 12.50, 13.27, 12.87, 12.70])
20  t2 = np.linspace(0, 53, 100)
21
22  initvals = [10, 30, -0.2] # initial coefficients
23  result = optimize.leastsq(errorfun, initvals, args=(t, x))
24  optparams = result[0]
25  print(optparams)
26  ax.scatter(t, x, label="real")
27  ax.plot(t2, logistic(optparams[0], optparams[1], optparams[2], t2), label="
        fitted")
28  ax.legend()
29  fig.tight_layout()
30  plt.show()
```

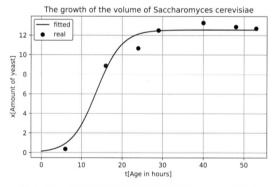

図 1.10　出芽酵母の増殖数にロジスティック曲線を
当てはめたもの

　リスト 1.4 のプログラムが何をしているかを説明します。5 行目と 6 行目では，ロジスティック関数を定義しています。8 行目から 10 行目は，K，a，bの値を param というリストで指定し，実データの値 x とロジスティック関数の値の差を返す errorfun 関数を定義しています。18 行目と 19 行目は，Experiment 1, Saccharomyces cerevisiae のデータをベタ打ちしたものです。データは Numpy で処理するために，ndarray 型としてあります。20 行目は，ロジスティック曲線を書くための t の値です。

　22 行目と 23 行目が最小二乗法の処理です。22 行目が K，a，b の初期値で，この初期値か

ら出発して, `errorfun` 関数の値の二乗の和 (残差平方和) が最小になるように, K, a, b の値を更新し, 値が動かなくなった段階の値を返すのが 23 行目の処理です。ここでは, `optimize.leastsq`関数をそのまま使っていますが, インタフェースの `optimize.curve_fit` 関数を使うほうが便利でしょう。`optimize.curve_fit` を使う方法については, 5.2.4 項で取り上げます。ここでは, 中身が見えるように, `optimize.leastsq` 関数を使いました。

ロジスティック関数は非線形の関数なので, 線形代数を使ってパラメータの値を決められません。そのために, ここでは, `optimize.leastsq` 関数を使って残差平方和を最小化しています[†]。第 1 引数には最小化する残差データ, 第 2 引数には初期値のリスト, `args` には (t, x) のデータの値を与えています。出力オブジェクトからパラメータを取り出しているのが 24 行目で, 25 行目でそれを表示しています。26 行目の `scatter` は散布図を描くメソッドで, ここでは実測データをプロットしています。27 行目では, 最適化された a, b, c に対するロジスティック関数を重ね描きしています。29 行目は凡例の位置調整です。

図 1.10 を見ると, データにうまく当てはまっていることがわかります。酵母菌はロジスティック曲線がよく当てはまっていますが, 菌なら何でもあてはまるというわけではないようです。

1.2.3 電 気 伝 導

固体の電気伝導に関するドルーデ (Paul Karl Ludwig Drude) の理論の基本的な考え方は, つぎのようなものです。金属中での電気伝導では, 電子が電気の運び手です。電子の質量を m, 電荷を q とします。電子は電場 (電界) によって加速され, 電場 E と逆方向に動いていきますが, 同時に速度 v に比例する抵抗を受けます。このとき, 電子の運動方程式は

$$m\frac{dv}{dt} = qE - m\frac{v}{\tau}$$

となります。τ は定数で, **緩和時間** (relaxation time) と呼ばれています。左辺は質量に加速度を掛けたもので, 電子に働く力を意味しています。この方程式は変数分離形の微分方程式です。公式に代入すると

$$\int \frac{m}{qE - m\frac{v}{\tau}} dv = \int dt = t + C$$

となりますので, 左辺の積分を実施すれば

$$-\tau \left| v - \frac{q\tau E}{m} \right| = t + C$$

となります。これを整理すると

$$v = \frac{q\tau}{m} E + Ce^{-\frac{t}{\tau}} \tag{1.12}$$

[†] `optimize.leastsq` 関数では, Levenerg-Marquardt 法で最小二乗問題の解を求めているのですが, これは最適化法の問題ですので, 詳細は本書では割愛します。

が得られます。式 (1.12) の定数 C は，初速から決まりますが，重要なポイントは，$t \to \infty$ の とき，第 2 項は，C とは無関係に 0 に収束することです。つまり，十分時間が経てば

$$v_d = \frac{q\tau}{m} E \tag{1.13}$$

という一定の速度になることになります。この速度を**流動速度**（drift velocity）といいます。 緩和時間 τ は，流動速度とのずれの項 $Ce^{-\frac{t}{\tau}}$ が $1/e = 0.368\cdots$ になるまでの時間です。導体 や半導体に電場（電界）を掛けると，電子や正孔（ホール）が移動しますが，途中で原子と衝 突を繰り返しながら伝わっていくと考えられます。緩和時間は，その際の衝突から衝突までに かかる平均時間に相当するので，**平均自由時間**（mean free time）とも呼ばれています。電子 の進行速度に垂直な面を考えて，その面内で単位面積を持つ正方形を取り，奥行が v_d の直方体 を考えましょう。単位体積中の電子数（電子密度）を n とすると，この直方体に含まれる電子 の数は，nv_d になります。すると，電流密度 J はつぎのように書くことができます。

$$J = nqv_d = \frac{nq^2\tau}{m} E$$

ここに現れた

$$\sigma = \frac{nq^2\tau}{m}$$

が**電気伝導度**（electrical conductivity, 電気抵抗の逆数）です。これは**ドルーデの公式**（Drude's formula）と呼ばれています。この式は，電子のミクロな性質と測定可能な電気伝導度をつな ぐ公式で，興味深いものです。というのは，緩和時間 τ を測定することは難しいのに対して， 他の量は測定可能だからです。金属の緩和時間を見積もってみましょう。n の計算が問題です が，一価金属，例えば銀では，電子の数と金属中の原子の数が等しいことに注意すると，アボ ガドロ数から n を求めることができます。銀の原子量は 108 ですので，1 mol の銀の質量は 108 g です。また，銀の密度は，$10.5\,\text{g/cm}^3$ であることがわかっているので，1 mol の銀は， $108/10.5 = 10.3\,\text{cm}^3$ の体積を持ちます。アボガドロ数は，6.02×10^{23} ですから

$$n = \frac{6.02 \times 10^{23}}{10.3} = 5.8 \times 10^{22}\,\text{cm}^{-3}$$

となります。$q = -4.80 \times 10^{-10}$〔esu〕，$m = 9.11 \times 10^{-28}$〔g〕と銀の 20℃ での電気伝導度 が $\sigma = 5.6 \times 10^{17}$〔esu〕ですから，緩和時間は

$$\tau = \frac{m}{nq^2} = \frac{9.11 \times 10^{-28} \times 5.6 \times 10^{17}}{5.8 \times 10^{22} \times (4.80 \times 10^{-10})^2} = 3.8 \times 10^{-14}\,\text{〔s〕}$$

であることがわかります。これは 38 フェムト秒〔fs〕で，光ですら $11.2\,\mu\text{m}$ しか進めないほど の短い時間です。

　もう少し精密な測定結果から求めた，馴染みのある物質の緩和時間を**表 1.2** に示します。

表 1.2 さまざまな物質の緩和時間[8]

物質名	緩和時間〔fs〕
銀（Ag）	36.8
銅（Cu）	36.0
金（Au）	27.3
アルミニウム（Al）	11.8
カルシウム（Ca）	73.6
ナトリウム（Na）	30.2
ニッケル（Ni）	14.5

補足 1.3 細かい話になりますが，少し補足しておきます。ドルーデの理論は，完全な古典論ですので，量子力学に従う電子の挙動までは説明できません[9]。例えば，結晶（周期ポテンシャルを持つ）において，エネルギーはバンド構造を持ち，バンド間にギャップがあることによって生じる絶縁体（バンド絶縁体）の存在をうまく説明できないのです。

1.2.4 雨滴の落下速度

雨滴は鉛直方向下向きに重力を受け，鉛直上向きに空気の粘性による抵抗を受けます。雨滴の大きさ（一般に半径または直径を代表値として用います）で抵抗法則が変化するため，落下速度に変化が生じることがわかっています。この問題は気象予報士の試験[†]にも頻出の内容です。

〔1〕 **水滴が小さいとき** 水滴が小さいとき（霧なども含む）は，速度に比例する抵抗が働くことが知られています。このとき，運動方程式は，抵抗係数を $k > 0$ として

$$m\frac{dv}{dt} = mg - kv \tag{1.14}$$

と表すことができます。ここで x は変位（落下した距離）です。式 (1.14) は，変数分離形の方程式です。この微分方程式は，簡単に解くことができて

$$v = \frac{mg}{k}\left(1 - e^{-\frac{k}{m}t}\right) \tag{1.15}$$

が得られます。$t \to \infty$ のときの極限値 v_∞ は，**終端速度**（terminal velocity）と呼ばれています。通常，t は十分大きいと考えてよいので，終端速度のみが問題となります。式 (1.15) より，終端速度は

$$v_\infty = \frac{mg}{k} \tag{1.16}$$

となります。

雨滴が実際にどのような形をしているかは難しい問題ですが，ここでは大胆に球体であると

[†] 気象業務法（第十九条の三）によると，気象庁長官の許可を受けて予報業務（現象の予測）を行おうとする人は，気象予報士の試験に合格する必要があります。受験資格の制限はなく，誰でも受験できますが，合格率は 4〜6 ％の難関資格です（令和元年度は，第一回が 4.5 ％，第二回が 5.8 ％でした）。

仮定します。流体中を球体が運動するとき，球体の運動がきわめてゆっくりな（速度が小さい）場合に，**ストークスの法則**（Stokes' law）で記述されることが知られています。ストークスの法則によれば，球体の半径を r とし，空気の分子粘性係数を μ とするとき，抵抗係数 k は

$$k = 6\pi\mu r \tag{1.17}$$

で記述することができます。球体の質量 m は，球体の体積に密度 ρ を掛ければ求まり

$$m = \frac{4}{3}\pi\rho r^3 \tag{1.18}$$

となります。式 (1.17) と式 (1.18) を式 (1.16) に代入すれば

$$v_\infty = \frac{mg}{k} = \frac{\dfrac{4}{3}\pi\rho r^3 g}{6\pi\mu r} = \frac{2\rho g}{9\mu}r^2$$

となります。$\rho = 10^3$ 〔kg/m^3〕，$g = 9.8$〔m/s^2〕，$\mu = 1.8 \times 10^{-5}$〔N·s/m^2〕(15°C) を代入すると

$$v_\infty \approx 1.2 \times 10^8 r^2 \tag{1.19}$$

となります。水滴が非常に小さい場合は，終端速度は水滴を球体と考えたときの半径の二乗に比例するのです。流体の粘性を表す**レイノルズ数**（Reynolds number）Re は

$$\mathrm{Re} = \frac{2\rho v r}{\mu}$$

で，上記の終端速度の公式が成り立つ条件は，Re < 1 であることがわかっています。この条件から，公式が成立する雨滴の大きさ（半径）の上限を見積もってみましょう。レイノルズ数は

$$\mathrm{Re} = \frac{2 \times 10^3 \times 1.2 \times 10^8 r^3}{1.8 \times 10^{-5}} < 1$$

となるので，対応する半径は

$$r < \left(\frac{3}{40}\right)^{1/3} \times 10^{-5} \approx 4.2\,\text{〔μm〕}$$

となることがわかります。

式 (1.19) によると，半径 $10\,\text{nm}$（$= 10^{-8}\,\text{m}$）の水滴の大気中の落下速度は

$$v_\infty \approx 1.2 \times 10^8 r^2 = 1.2 \times 10^8 \times (10^{-8})^2 = 1.2 \times 10^{-8}\,\text{〔m/s〕} = 12\,\text{〔nm/s〕}$$

となります。これは，2.6 年で $1\,\text{m}$ 落下する速度です。ものすごくゆっくり落下しているので，あたかも浮いているように見えるということです。これが小さな水滴が大気中に長時間留まっている霧という現象が起きる理由です。

〔2〕 **水滴が大きいとき**   水滴が大きいときはどうでしょうか。水滴が大きいときは，速

度の二乗に比例する抵抗がかかることが知られています。つまり，抵抗係数を $k > 0$ とおくと，運動方程式は

$$m\frac{dv}{dt} = mg - kv^2 \tag{1.20}$$

となります。式 (1.20) も変数分離形の方程式です。これを

$$\int \frac{dv}{v^2 - \dfrac{mg}{k}} = -\frac{k}{m}\int dt$$

と書き直して，ロジスティック方程式を解いたときのように部分分数分解を使って左辺の積分を計算すれば

$$\frac{1}{2}\sqrt{\frac{k}{mg}}\log\left|\frac{v - \sqrt{\dfrac{mg}{k}}}{v + \sqrt{\dfrac{mg}{k}}}\right| = -\frac{k}{m}t + C \tag{1.21}$$

となります。これを整理して（定数は適当に置き換えて）

$$v = \sqrt{\frac{mg}{k}}\frac{1 + Ce^{-2\sqrt{\frac{kg}{m}}t}}{1 - Ce^{-2\sqrt{\frac{kg}{m}}t}}$$

が得られます。初速を 0 とすれば，$C = -1$ となりますので

$$v = \sqrt{\frac{mg}{k}}\tanh\sqrt{\frac{kg}{m}}t \tag{1.22}$$

が得られます。ここで

$$\tanh z = \frac{e^z - e^{-z}}{e^z + e^{-z}}$$

という記号（tanh (hyperbolic tangent)）を使いました。式 (1.22) において，$t \to \infty$ とすると，終端速度 v_∞ が求まることになります。結果はつぎのようになり，雨滴が小さいときとはかなり違った結果であることがわかります。

$$v_\infty = \sqrt{\frac{mg}{k}} \tag{1.23}$$

雨滴の半径 r との関係を求めましょう。抵抗係数 k を半径で表せば

$$k = 0.235\frac{\pi\mu r^2}{\eta} \tag{1.24}$$

となることが知られています。ここで，μ は空気の分子粘性係数，η は動粘性係数です。$\rho = 10^3$ 〔kg/m³〕，$g = 9.8$ 〔m/s²〕，$\mu = 1.8 \times 10^{-5}$ 〔N·s/m²〕 (15°C)，$\eta = 0.15 \times 10^{-4}$ 〔m²/s〕，式 (1.24) と $m = \dfrac{4}{3}\pi\rho r^3$ を式 (1.23) に代入して

$$v_\infty = \sqrt{\frac{mg}{k}} = \sqrt{\frac{\frac{4}{3}\pi\rho r^3 g}{0.235 \times \frac{\pi\mu r^2}{\eta}}}$$

$$= \sqrt{\frac{4\rho g\eta}{0.235 \times 3\mu}} \times \sqrt{r}$$

$$= \sqrt{\frac{4 \times 10^3 \times 9.8 \times 0.15 \times 10^{-4}}{0.235 \times 3 \times 1.8 \times 10^{-5}}} \times \sqrt{r}$$

$$\approx 2.15 \times 10^2 \sqrt{r}$$

となります。雨滴が小さいときは雨滴の半径の二乗に比例していた終端速度が，雨滴が大きくなると，何と，雨滴の半径の平方根に比例するのです。例えば，半径 r が $0.1\,\mathrm{mm}$（$= 10^{-3}\,\mathrm{m}$）の雨滴の落下速度は

$$v_\infty = 2.15 \times 10^2 \sqrt{r} = 2.15 \times 10^2 \times \sqrt{10^{-3}} = 6.8\,[\mathrm{m/s}]$$

となることがわかります。時速に直すと $25\,\mathrm{km/h}$ くらいになります。雨滴が小さいときと比較するとかなり速いことがわかります。

先ほどと大体同じですが，グラフを描くプログラム（**リスト 1.5**）を載せておきます。

──────── **リスト 1.5**（rain.py）────────

```
 1  import matplotlib.pyplot as plt
 2  import numpy as np
 3  import math
 4
 5  fig, ax = plt.subplots()
 6
 7  ax.set_xlabel('t')
 8  ax.set_ylabel('v')
 9  ax.set_title('raindrop')
10  ax.grid()
11
12  g = 9.8
13  m = 4.2e-6
14  k = 8.9e-7
15  const = math.sqrt(m*g/k)
16  t = np.linspace(0, 3, 100)
17  v = const*np.tanh(t*g/const)
18
19  ax.plot(t, v)
20  fig.tight_layout()
21  plt.show()
```

リスト 1.5 のプログラムの 17 行目を見ればわかるとおり，NumPy には，双曲線関数 tanh が用意されています。もちろん，cosh, sinh も使うことができます。リスト 1.5 のプログラムを実行すると，**図 1.11** が描かれます。

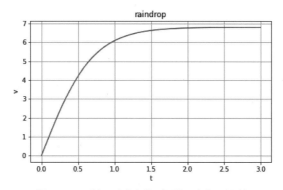

図 1.11 雨滴の速度変化（雨滴が大きい場合）

1.2.5 懸 垂 線

　ぶら下がった紐や鎖，電線などは，放物線に似た曲線になっているでしょう。あの曲線を**懸垂線**（catenary）といいます。ここでは，微分方程式を使って懸垂線の方程式を導いてみましょう。懸垂線の式を $y = f(x)$ であるとします。

　図 1.12 のように懸垂線上の点 $P(x, f(x))$ における紐の張力（接線方向）を T として，接線と x 軸のなす角を θ とすると，その x 成分は $T\cos\theta$ ですが，これは紐の最下端 O での張力 T_0 と等しいはずです。y 成分は $T\sin\theta$ ですが，これは紐の O から P までの紐の重さに一致しているはずです。O と P 間の紐の長さを l とし，線密度（単位長さ当りの質量）を ρ とすると，重力は ρlg になります。つまり，$T\sin\theta = \rho lg$ となります。ここで，$\dfrac{dy}{dx} = \tan\theta$ となることと

$$l = \int_0^x \sqrt{1 + \left(\frac{dy}{dx}\right)^2}\, dx$$

となること，$T\cos\theta = T_0$ からつぎのような関係式が得られます。

$$\frac{dy}{dx} = \frac{T\sin\theta}{T\cos\theta} = \frac{\rho g}{T_0} \int_0^x \sqrt{1 + \left(\frac{dy}{dx}\right)^2}\, dx$$

このままだと積分記号が邪魔ですので，つぎのように両辺を微分して外してしまいましょう。

$$\frac{d^2 y}{dx^2} = \frac{\rho g}{T_0} \sqrt{1 + \left(\frac{dy}{dx}\right)^2} \tag{1.25}$$

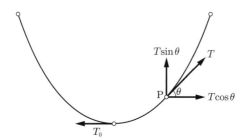

図 1.12 懸垂線の静力学

$u = \dfrac{dy}{dx}$ とおくと，式 (1.25) は 1 階の変数分離形の微分方程式

$$\frac{du}{dx} = \frac{\rho g}{T_0}\sqrt{1 + u^2} \tag{1.26}$$

を解く問題に帰着します。式 (1.26) は

$$\int \frac{1}{\sqrt{1 + u^2}}du = \frac{\rho g}{T_0}\int dx \tag{1.27}$$

となります。式 (1.27) の左辺の積分の計算には，いくつかの方法が知られていますが，ここでは，標準的な $s = u + \sqrt{1 + u^2}$ という置換をしましょう。このとき

$$u = \frac{s^2 - 1}{2s}$$

となります。よって

$$\frac{du}{ds} = \frac{s^2 + 1}{2s^2}$$

となり，さらに

$$\sqrt{1 + u^2} = s - u = \frac{s^2 + 1}{2s}$$

となりますから

$$\int \frac{1}{\sqrt{1 + u^2}}du = \int \frac{2s}{s^2 + 1}\cdot\frac{s^2 + 1}{2s^2}ds = \int \frac{1}{s}ds$$
$$= \log|s| = \log(u + \sqrt{1 + u^2})$$

となります。よって，式 (1.27) の解は，つぎのように表すことができます。

$$\log(u + \sqrt{1 + u^2}) = \frac{\rho g}{T_0}x + C$$

これを u について解くと，$k = \dfrac{\rho g}{T_0}$ とおいて

$$u = \frac{1}{2}\left(Ce^{kx} - \frac{1}{C}e^{-kx}\right)$$

となりますが，$x = 0$ での傾き u は 0 ですので，$C^2 = 1$ となり，また $C > 0$ なので，$C = 1$ です。つまり

$$\frac{dy}{dx} = \frac{1}{2}(e^{kx} - e^{-kx})$$

となります。この両辺を積分すると

$$y = \frac{1}{2k}(e^{kx} + e^{-kx}) + C'$$

が得られます。曲線が原点を通ると仮定していますから，$x = 0$ のとき $y = 0$ です。よって，$C' = -1/k$ となり，求める曲線の方程式は

$$y = \frac{T_0}{2\rho g}\left(e^{\frac{\rho g}{T_0}x} + e^{-\frac{\rho g}{T_0}x} - 2\right)$$

となります。これが懸垂線と呼ばれるものです。グラフを**図 1.13** に示します。放物線と似ていますが，放物線よりも少し横に広がっています。

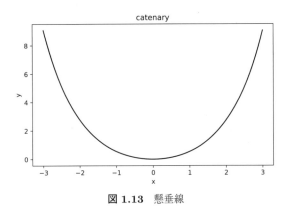

図 1.13　懸垂線

　関連する話題として電線のたるみの問題があります。ここでは，懸垂線の式から，電験三種（第三種電気主任技術者試験）†という国家資格試験で頻出の公式を導いてみましょう（導出については電験二種（一段上の資格試験）でも出題されているようです）。電験で用いられる記号で表現した図が，**図 1.14** です。

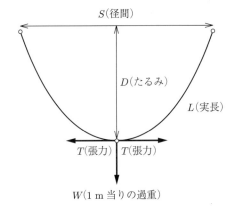

図 1.14　電線のたるみ

電験で用いられる記号で懸垂線の式を表すと，T_0 は T，$W = \rho g$ になっていることに注意して

$$y = \frac{T}{2W}\left(e^{\frac{W}{T}x} + e^{-\frac{W}{T}x} - 2\right)$$

となります。径間が S になるようにするには，$x = S/2$ とすればよいです。このときの y が，

---

†　電気設備の保守・監督を行うことができる資格の1つです。令和元年度では，41543 名の受験者のうち 3879 名が合格しています。1割も合格しない難関資格なのです。

たるみ D にあたります。指数関数のマクローリン展開から得られる 2 次の近似式

$$e^z \approx 1 + z + \frac{1}{2}z^2$$

を使えば，つぎのような近似式ができます。

$$D = \frac{T}{2W}\left(e^{\frac{WS}{2T}} + e^{-\frac{WS}{2T}} - 2\right)$$
$$\approx \frac{T}{2W}\left\{1 + \frac{WS}{2T} + \frac{1}{2}\left(\frac{WS}{2T}\right)^2 + 1 - \frac{WS}{2T} + \frac{1}{2}\left(\frac{WS}{2T}\right)^2 - 2\right\}$$
$$= \frac{W}{8T}S^2$$

今度は，径間 S とたるみ D から実長（電線の長さ）L を表す式を求めてみましょう。

$$\sqrt{1 + \left(\frac{dy}{dx}\right)^2} = \frac{T}{W}\cdot\frac{d^2y}{dx^2}$$

に注意すると

$$L = 2\int_0^{S/2}\sqrt{1 + \left(\frac{dy}{dx}\right)^2}\,dx = \frac{2T}{W}\int_0^{S/2}\frac{d^2y}{dx^2}dx$$
$$= \frac{2T}{W}\left[\frac{dy}{dx}\right]_0^{S/2} = \frac{T}{W}\left[e^{\frac{W}{T}x} - e^{-\frac{W}{T}x}\right]_0^{S/2}$$
$$= \frac{T}{W}\left(e^{\frac{WS}{2T}} - e^{-\frac{WS}{2T}}\right)$$

となりますが，ここで指数関数のマクローリン展開から得られる 3 次までの近似式

$$e^z \approx 1 + z + \frac{1}{2}z^2 + \frac{1}{6}z^3$$

を使って近似すると

$$L = \frac{T}{W}\left(e^{\frac{WS}{2T}} - e^{-\frac{WS}{2T}}\right) \approx \frac{T}{W}\left\{\frac{WS}{T} + \frac{1}{3}\left(\frac{WS}{2T}\right)^3\right\}$$
$$= S + \frac{W^2S^3}{24T^2} = S + \frac{1}{24S}\left(\frac{W^2S^4}{T^2}\right) \approx S + \frac{1}{24S}(8D)^2$$
$$= S + \frac{8D^2}{3S}$$

という関係式が得られます。以下に公式をまとめておきましょう。

$$D \approx \frac{W}{8T}S^2, \quad L \approx S + \frac{8D^2}{3S}$$

　電線を張るためには，径間やたるみはもちろんのこと，電線にかかる荷重も考慮しなければならないわけです（章末問題に電験三種試験の問題を 3 つほど入れておきましたので（問題 1-23 から問題 1-25 参照)，解いてみてください)。

1.2.6 宇宙空間から月への自由落下

いま，宇宙空間にあって，月に向かってまっすぐ自由落下する質量 m の物体を考えます。ニュートンの万有引力の法則から，月からの距離を r，月の質量を M，重力定数を G とし，次式を考えます。

$$m\frac{d^2 r}{dt^2} = -\frac{GMm}{r^2}$$

このまま解くのは難しいので，少しテクニカルなことをします。両辺を m で割って右辺を移項して両辺に $\frac{dr}{dt}$ を掛けると

$$\frac{dr}{dt}\frac{d^2 r}{dt^2} + \frac{GM}{r^2}\frac{dr}{dt} = 0 \tag{1.28}$$

となります。式 (1.28) は，つぎのように書き直すことができます。

$$\frac{d}{dt}\left\{\frac{1}{2}\left(\frac{dr}{dt}\right)^2 - \frac{GM}{r}\right\} = 0 \tag{1.29}$$

式 (1.29) は，大括弧の中身が定数であることを示しています。これは力学的エネルギー保存の法則です。定数を E と書けば

$$\frac{1}{2}\left(\frac{dr}{dt}\right)^2 - \frac{GM}{r} = E \tag{1.30}$$

となります†。物体が $t = 0$ で静止していて，月からの距離 r_0 の位置にあると仮定すると

$$E = -\frac{GM}{r_0}$$

となりますが，これを式 (1.30) に代入し，速度が動径の逆向きであることに注意して整理すると

$$\frac{dr}{dt} = -\sqrt{2GM\left(\frac{1}{r} - \frac{1}{r_0}\right)} \tag{1.31}$$

これは変数分離形の方程式ですので，つぎの積分を計算すればよいわけですが，少し難しいです。

$$\int \frac{1}{\sqrt{\frac{1}{r} - \frac{1}{r_0}}} dr = -\sqrt{2GM}t + C \tag{1.32}$$

巧妙な方法ですが，$r = r_0 \cos^2\theta$ とおくと，$dr = -2r_0\sin\theta\cos\theta d\theta$ ですから

$$\int \frac{1}{\sqrt{\frac{1}{r} - \frac{1}{r_0}}} dr = \int \frac{-2r_0\sin\theta\cos\theta}{\sqrt{\frac{1}{r_0\cos^2\theta} - \frac{1}{r_0}}} d\theta = -2r_0^{3/2}\int \cos^2\theta d\theta$$

$$= -r_0^{3/2}\int (1 + \cos 2\theta)d\theta = -r_0^{3/2}\left(\theta + \frac{\sin 2\theta}{2}\right)$$

---

† E はエネルギーのつもりですが，本当の力学的エネルギーは，この m 倍になります。

となります。よって

$$-r_0^{3/2}\left(\theta + \frac{\sin 2\theta}{2}\right) = -\sqrt{2GM}t + C$$

が成り立ちますが，$t = 0$ で，$r = r_0$ ですから，$\cos^2\theta = 1$ となり，$\sin\theta = 0$ から $C = 0$ であることがわかります。よって

$$t = \sqrt{\frac{r_0^3}{2gM}}\left(\theta + \frac{\sin 2\theta}{2}\right) = \sqrt{\frac{r_0^3}{2gM}}\left(\theta + \sin\theta\cos\theta\right)$$

$$= \sqrt{\frac{r_0^3}{2gM}}\left(\cos^{-1}\sqrt{\frac{r}{r_0}} + \sqrt{1 - \frac{r}{r_0}}\sqrt{\frac{r}{r_0}}\right)$$

$$= \sqrt{\frac{r_0^3}{2gM}}\left(\cos^{-1}\sqrt{\frac{r}{r_0}} + \frac{\sqrt{r(r_0 - r)}}{r_0}\right)$$

となります。$r = R$ となったときが，月の表面に着地した時刻です（月には大気がありませんから，着地前に燃え尽きることもありません）。そのときの速度は

$$v = \sqrt{2GM\left(\frac{1}{R} - \frac{1}{r_0}\right)} \tag{1.33}$$

となります。いま，月から $1000\,\mathrm{km}$ 離れたところに静止している物体が月に向かって落下するものとしましょう。このとき月の半径は，$R = 1.7371 \times 10^6\,[\mathrm{m}]$ ですから，$r_0 = 2.7371 \times 10^6$ になります。これに重力定数 $G = 6.67428 \times 10^{-11}\,[\mathrm{m}^3{\cdot}\mathrm{kg}^{-1}{\cdot}\mathrm{s}^{-2}]$ と月の質量 $M = 7.34581 \times 10^{22}\,[\mathrm{kg}]$ を代入すると，落下にかかる時間は，約 27 分 15 秒で，地表での速度は，$1436\,\mathrm{m/s}$ になることがわかります。

じつは，衝突寸前の速度はいくらでも大きくなるわけではありません。式 (1.33) を見ると，$r_0 \to \infty$ における極限値は

$$v_\infty = \sqrt{\frac{2GM}{R}}$$

となります。これは月の表面からの脱出速度と同じです。月の場合，約 $2376\,\mathrm{m/s}$ となります。

──────── 章 末 問 題 ────────

問題 1-1 （**数学**）　式 (1.3) が成り立つことを示してください（左辺を計算して，定数になることを確かめてください）。

問題 1-2 （**数学**）　$y^3 = Cx$ から任意定数 C を消去して微分方程式をつくってください。

問題 1-3 （**数学**）　$x(t) = C_1 e^t + C_2 e^{-t}$ から任意定数 C_1，C_2 を消去して微分方程式をつくってください。

問題 1-4 (**Python**)　NumPy を利用して, $x = (x[0], x[1], x[2], x[3]) = (-1, 3, 5, -7)$ に対し, $x[k]^3 + 2x[k]$ $(k = 0, 1, 2, 3)$ を一度に求めてください。

問題 1-5 (**Python**)　NumPy を利用して, $x = (x[0], x[1], x[2], x[3]) = (-2, 1.2, 3.7, 5.1)$ に対し, $e^{x[k]^2}$ $(k = 0, 1, 2, 3)$ を一度に求めてください。

問題 1-6 (**Python**)　NumPy を利用して, 複素数の配列 $z = (-1 + i, 2 + 3i, -3 + 2i)$ の実部と虚部を求め, $\exp(z) = \exp(\mathrm{Re}z) \cdot (\cos(\mathrm{Im}z) + i \sin(\mathrm{Im}z))$ となることを確認してください。なお, z の実部 ($\mathrm{Re}z$), 虚部 ($\mathrm{Im}z$) はそれぞれ, `z.real`, `z.imag` とすれば取り出すことができます。また, $-1 + i$ は, $-1 + 1j$ のように表現することで複素数として認識されます。

問題 1-7 (**Python**)　NumPy と Matplotlib を利用して, $[0, 4\pi]$ の範囲で $x(t) = |\sin t|$ のグラフを描いてください。ただし, Pyplot ベース, オブジェクト指向ベース両方のやり方を試してみてください。

問題 1-8 (**Python**)　図 1.2 のグラフの色を赤に変え, グラフの線を破線にし, 太さを 3 倍にしてください。`plot` では, 色は `color`, 線種は `linestyle`, 太さは `linewidth` というパラメータで指定できます。なお, `color` に `color='red'` のように色の名前を入れれば赤になります。線種は, 実線 `'solid'`, 破線 `'dashed'`, 一点鎖線 `'dashdot'` があります。太さはデフォルトが 1.0 なので, 2.0 とすれば 2 倍の太さになります。

問題 1-9 (**Python**)　1 枚の figure の中に $x_1(t) = \sin t$ のグラフと $x_2(t) = \cos 3t$ のグラフを $-\pi \leq t \leq \pi$ の範囲で重ね描きしてください。ただし, $x_1(t) = \sin t$ のグラフの線は破線にしてください。

問題 1-10 (**数学**)　図 **1.15** のような, 片側だけ固定した ($x = 0$ で $y = y' = 0$ とした) 長さ l のはり (片持ちばり) を考えます。このはりの自由端 $x = l$ の一点に荷重 q を掛けたとき, 曲げモーメントは, $M(x) = q(x - l)$ となることが知られています。このとき, はりの微分方程式は

$$EI\frac{d^2y}{dx^2} = q(l - x)$$

となります。はりの変位 y を x の式で表してください。また, 最大の変位を E, I, q, l の式で表してください。

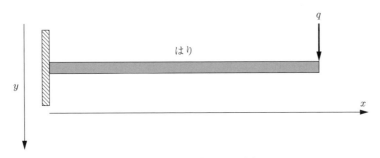

図 **1.15**　はり (片持ちばり)

問題 1-11 **(数学)** 自由落下する質量 $m \ (> 0)$ の物体の変位を $x(t)$, 重力加速度を $g = 9.8 \, [\mathrm{m/s^2}]$ とすると, 空気による摩擦が無視できるとき, その運動方程式は, 微分方程式

$$m\frac{d^2x}{dt^2} = mg \tag{1.34}$$

で表すことができます。x の 2 階微分は物体の加速度で, 加速度に質量を掛けたものは力になります。右辺が重力です。物体の時刻 0 での変位を 0, 速度を v_0 とするとき, $x(t)$ を求めてください。

問題 1-12 **(数学)** つぎの微分方程式を解いてください。

$$\frac{dx}{dt} = x^2(1-x), \quad x(0) = x_0 \ (\neq 0) \tag{1.35}$$

問題 1-13 **(数学)** つぎの微分方程式を解いてください。

$$x\frac{dx}{dt} = -t$$

問題 1-14 **(数学)** つぎの微分方程式を解いてください。また, $x(0) = 2$ となる解も求めてください。

$$\frac{dx}{dt} = tx$$

問題 1-15 **(数学)** つぎの微分方程式を解いてください。

$$\frac{dx}{dt} = -t(1+x^2)$$

問題 1-16 **(数学)** つぎの微分方程式を解いてください。

$$x\frac{dx}{dt} = (1+x^2)\cos t$$

問題 1-17 **(数学)** 1979 年, 奈良県で古い木片が発見されました。その木片には, 判読が難しくなっているものの, いくつかの文字らしき痕跡が認められました。その炭素 14 を測定したところ, その割合は 85 ％にまで減っていることがわかったそうです。その木片に書かれていた文字は漢字だったのでしょうか, それともひらがなでしょうか。推測してみてください†。ただし, 放射性炭素年代測定は, 誤差が ±3 ％の範囲で正確にできていると仮定します。

問題 1-18 **(Python)** 図 1.9 を描くプログラムを書いてください。

問題 1-19 **(数学)** $N \ (\geqq 2)$ 人の間で噂が伝わるスピードは, その噂を知っている人の人数 x と知らない人の人数 $N-x$ の積に比例すると考えて, 微分方程式を立て, それを解いてください。ただし, 最初に噂を知っているのは 1 人だけとします (このモデルが実際の噂の伝播をうまく説明しているとは限りません。ここではあくまで 1 つの考え方を紹介しています)。

問題 1-20 **(数学)** 大気中を落下する雨滴には重力と空気による抵抗力が働き, 両者は釣り合ってい

---

† これは, 架空の話です。

ます。雨滴を球体とすると，雨滴に働く重力の大きさはその体積に比例し，抵抗力の大きさは雨滴の落下速度の二乗と断面積の積に比例します。このとき，(a) 雨滴の落下速度は半径の何乗に比例するでしょうか。また，(b) ある地点における半径 2 mm の雨滴の落下速度が約 8.8 m/s のとき，半径 1 mm の雨滴の落下速度は秒速何 m になるでしょうか（第49 回気象予報士試験（学科，一般知識）問 4 を改題）。

問題 1-21 **(数学)**　雨滴の落下速度は，雨粒が小さい場合に速度に比例する抵抗を受け，大きい場合に速度の二乗に比例する抵抗を受けるという説明をしましたが，仮に，速度の α $(1 < \alpha < 2)$ 乗に比例する抵抗が働くと仮定しましょう（これは思考実験です）。このとき，運動方程式を立て，終端速度を求めてください（収束性の厳密な議論は不要です）。

問題 1-22 **(数学)**　質量 m の物体を静かに落下させることを考えます。この物体に，速度に比例する摩擦と速度の二乗に比例する摩擦が両方働くときの微分方程式は

$$m\frac{dv}{dt} = mg - \gamma_1 v - \gamma_2 v^2$$

となります。ここで，$\gamma_1 > 0$，$\gamma_2 > 0$ とします。微分方程式を解かずに終端速度 v_{term} を求めてください。さらに，この微分方程式を解き，終端速度を求めてください。

問題 1-23 **(数学)**　架空電線路の径間が 50 m で，導体の温度が 40 °C のときのたるみは 1 m でした。この電線路の導体の温度が 70 °C になったときのたるみ〔m〕の値を求めてください。ただし，電線の膨張係数は 1 °C につき 0.000017 とし，張力による電線の伸縮は無視できるものとします（平成 15 年度 第三種電気主任技術者試験 電力科目 問 16 を改題）。

問題 1-24 **(数学)**　径間が 90 m，たるみが 3.0 m の架空電線路があります。いま，架空電線路の径間を 100 m にしたとき，たるみを 3.5 m にしたいと思っています。電線の最低点における水平張力をもとの何%にすればよいでしょうか。ただし，径間の高低差はなく，電線は一様で 1 m 当りの荷重は変わらないものとし，その他の条件は無視するものとします（平成 29 年度 第三種電気主任技術者試験 電力科目 問 8 を改題）。

問題 1-25 **(数学)**　両端の高さが同じで径間距離 250 m の架空電線路があり，電線 1 m 当りの重量は 20.0 N で，風圧荷重はないものとします。いま，水平引張荷重が 40.0 kN の状態で架線されているとき，たるみ D〔m〕の値を求めてください（平成 18 年度 第三種電気主任技術者試験 電力科目 問 14 を改題）。

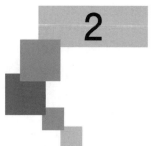

2 変数分離形以外の 1階微分方程式

　1階の微分方程式で最も重要なものは，変数分離形の方程式です。つぎに重要なのは1階線形方程式です。それ以外の1階微分方程式は，出会う頻度は低いものの，意外な場面で役立つことがあるでしょう。本章ではこれらの代表的な微分方程式について説明し，加えて解の存在と一意性について簡単な解説を加えます。

2.1　同次系の方程式

　変数変換によって変数分離形の微分方程式に帰着できる方程式として，同次形の方程式があります。以下しばらく，変数は t ではなく，x とします。つぎの

$$\frac{dy}{dx} = f\left(\frac{y}{x}\right) \tag{2.1}$$

という形の方程式を同次形の方程式といいます。これは

$$u = \frac{y}{x}, \quad \text{すなわち} \quad y = xu$$

と変換することで変数分離形の微分方程式に変形することができます。実際

$$\frac{dy}{dx} = u + x\frac{du}{dx}$$

となりますから，式 (2.1) は

$$u + x\frac{du}{dx} = f(u), \quad \text{すなわち} \quad \frac{du}{dx} = \frac{f(u) - u}{x}$$

のような変数分離形の微分方程式に帰着します。

例 2.1　　つぎの微分方程式を考えます。

$$\frac{dy}{dx} = \frac{xy}{x^2 + y^2}$$

　ここで，$u = \dfrac{y}{x}$ とおくと

$$u + x\frac{du}{dx} = \frac{u}{1 + u^2}$$

となります。これを整理して

$$x\frac{du}{dx} = -\frac{u^3}{1+u^2}$$

が得られます。よって

$$\int \frac{1+u^2}{u^3}du = -\int \frac{1}{x}dx$$

となり，積分すると

$$-\frac{1}{2u^2} + \log|u| = -\log|x| + C$$

となりますので，変数をもとに戻して

$$-\frac{x^2}{2y^2} + \log\left|\frac{y}{x}\right| = -\log|x| + C$$

となります。少し整理して

$$-\frac{x^2}{2y^2} + \log|y| = C$$

が求める解ということになります。

　当たり前ですが，変数変換することで同次形の方程式に帰着できれば，変数分離形に帰着できます。例えば

$$\frac{dy}{dx} = f\left(\frac{a_1 x + b_1 y + c_1}{a_2 x + b_2 y + c_2}\right), \quad \begin{vmatrix} a_1 & b_1 \\ a_2 & b_2 \end{vmatrix} \neq 0 \tag{2.2}$$

という形の方程式は，このままでは同次形ではありませんが，連立方程式

$$\begin{cases} a_1 x + b_1 y + c_1 = 0 \\ a_2 x + b_2 y + c_2 = 0 \end{cases}$$

の解を (x_0, y_0) とし，$X = x - x_0$，$Y = y - y_0$ のように変数変換すると

$$a_1 x + b_1 y + c_1 = a_1(X + x_0) + b_1(Y + y_0) + c_1 = a_1 X + b_1 Y$$

$$a_2 x + b_2 y + c_2 = a_2(X + x_0) + b_2(Y + y_0) + c_2 = a_2 X + b_2 Y$$

と書き直すことができます。この変数変換は，平行移動なので，微分を変えません。つまり，つぎの等式が成り立ちます。

$$\frac{dy}{dx} = \frac{dY}{dX}$$

よって，式 (2.2) は，つぎのように書き直すことができます。

$$\frac{dY}{dX} = f\left(\frac{a_1 X + b_1 Y}{a_2 X + b_2 Y}\right) \tag{2.3}$$

式 (2.3) は同次形の方程式になっています。

例 2.2　微分方程式

$$\frac{dy}{dx} = \frac{x + y - 3}{x - y - 1}$$

を解いてみましょう。

　$x + y - 3 = 0$, $x - y - 1 = 0$ を解くと，この連立方程式の解は，$(x, y) = (2, 1)$ となります。これは，$(x_0, y_0) = (2, 1)$ ということですので，$X = x - 2$, $Y = y - 1$ とおけば

$$\frac{dY}{dX} = \frac{X + Y}{X - Y}$$

となります。$u = \dfrac{Y}{X}$ とおけば，$Y = Xu$ であり

$$X\frac{du}{dX} = \frac{1 + u}{1 - u} - u = \frac{1 + u^2}{1 - u}$$

となるので

$$\int \frac{1 - u}{1 + u^2} du = \int \frac{1}{X} dX$$

とし，積分を実行すると

$$\tan^{-1} u - \frac{1}{2}\log(1 + u^2) = \log|X| + C$$

となり，u を x, y の式に戻せば

$$\tan^{-1}\left(\frac{y - 1}{x - 2}\right) - \frac{1}{2}\log\left\{1 + \frac{(y - 1)^2}{(x - 2)^2}\right\} = \log|x - 2| + C$$

となります。答案としてはこれで問題ないですが，これがどのような形をしているかも調べてみましょう。対数の性質から

$$\tan^{-1}\left(\frac{y - 1}{x - 2}\right) - \frac{1}{2}\log\left\{(x - 2)^2 + (y - 1)^2\right\} = C$$

となります。$x = 2 + r\cos\theta$, $y = 1 + r\sin\theta$ とすると

$$\theta - \log r = C$$

となり，$r = Ce^\theta$ となります（e^C を改めて C としました）。これは点 $(2, 1)$ を中心とした螺旋です。

2.2 1 階線形方程式

$p(x)$, $q(x)$ という 2 つの関数を含む

$$\frac{dy}{dx} + p(x)y = q(x) \tag{2.4}$$

という形の方程式を **1 階線形方程式**（first-order linear ordinary differential equation）といいます。$q(x) = 0$ となる場合，y_1, y_2 が解であれば，もちろん以下の方程式が成り立ちます。

$$\frac{dy_1}{dx} + p(x)y_1 = 0$$
$$\frac{dy_2}{dx} + p(x)y_2 = 0$$

このとき，定数 c_1, c_2 に対して，$c_1 y_1 + c_2 y_2$ も同じ方程式を満たします。なぜなら

$$\frac{d}{dx}(c_1 y_1 + c_2 y_2) + p(x)c_1 y_1 + c_2 p(x)y_2$$
$$= c_1 \left(\frac{dy_1}{dx} + p(x)y_1 \right) + c_2 \left(\frac{dy_2}{dx} + p(x)y_2 \right) = 0$$

となるからです。この性質を **線形性**（linearity）といいます。これが 1 階線形方程式の「線形」の意味です。線形性は，より階数の高い微分が含まれていても成り立ちます。例えば

$$\frac{d^2 y}{dx^2} + p(x)\frac{dy}{dx} + q(x)y = r(x)$$

は 2 階線形方程式ということになります。

話を 1 階線形方程式に戻します。$p(x)$ の原始関数を $P(x)$ としましょう。つまり，$P(x) = \int p(x)dx$ とします。式 (2.4) の両辺に，$e^{P(x)}$ を掛けると，つぎのようになります。

$$e^{P(x)}\frac{dy}{dx} + p(x)e^{P(x)}y = q(x)e^{P(x)} \tag{2.5}$$

すると，この左辺は

$$e^{P(x)}\frac{dy}{dx} + p(x)e^{P(x)}y = \frac{d}{dx}(e^{P(x)}y)$$

と書き直すことができるので，式 (2.5) は

$$\frac{d}{dx}(e^{P(x)}y) = q(x)e^{P(x)} \tag{2.6}$$

となります。式 (2.6) の両辺を積分して

$$e^{P(x)}y = \int q(x)e^{P(x)}dx$$

となります。つまり

$$y = e^{-P(x)} \int q(x) e^{P(x)} dx \tag{2.7}$$

となります。1 階線形方程式については，考え方が重要です。類似の考え方が連立の微分方程式を解析するときにも役立ちます。

例 2.3　つぎの微分方程式を解いてみましょう。

$$y' + xy = x$$

この微分方程式は，変数分離形とみなすこともできますが，ここでは，1 階線形と考えて解きます。x の原始関数の 1 つは，$\frac{1}{2}x^2$ です。$\int x dx = \frac{1}{2}x^2 + C$ ですが，じつは C は不要です。不要な理由は，両辺に $e^{x^2/2}$ を掛けても，$e^{x^2/2+C} = e^{x^2/2}e^C$ を掛けても，両辺を e^C で割れば

$$e^{x^2/2}y' + xe^{x^2/2}y = xe^{x^2/2}$$

を得るからです。この左辺は，$(e^{x^2/2}y)'$ ですから，両辺を積分して

$$e^{x^2/2}y = \int xe^{x^2/2}dx = e^{x^2/2} + C$$

となるので，両辺を $e^{x^2/2}$ で割って，つぎの解を得ます。

$$y = 1 + Ce^{-x^2/2}$$

補足 2.1　式 (2.4) は一般に解けますが，これを 2 階にして

$$\frac{d^2y}{dx^2} + p(x)y = q(x)$$

としたら一般には解けませんし，$p(x)$, $q(x)$ から y の性質を調べるのも容易ではありません。例えば

$$\frac{d^2y}{dx^2} = xy \tag{2.8}$$

という微分方程式の解はなかなか複雑です。式 (2.8) は**エアリー方程式**（Airy equation）または**ストークス方程式**（Stokes equation）と呼ばれる方程式です。エアリー方程式は，例えば，定電場を掛けたときの電子の挙動を記述していることが知られています。**リスト 2.1** は，エアリー方程式の 2 つの解（**第 1 種エアリー関数**（the Airy function of the first kind）と呼ばれます）

$$\mathrm{Ai}(x) = \frac{1}{\pi} \int_0^\infty \cos\left(\frac{1}{3}t^3 + xt\right) dt$$

$$\mathrm{Bi}(x) = \frac{1}{\pi} \int_0^\infty \left[\exp\left(-\frac{1}{3}t^3 + xt\right) + \sin\left(\frac{1}{3}t^3 + xt\right) \right] dt$$

のグラフを描くプログラムです。**図 2.1** の実線が $y = \mathrm{Ai}(x)$，点線が $y = \mathrm{Bi}(x)$ のグラフです。エアリー関数の任意の解は，C_1，C_2 を定数として $y = C_1\mathrm{Ai}(x) + C_2\mathrm{Bi}(x)$ の形に書くことができます。式 (2.8) の形のシンプルさからは信じられないほど複雑な挙動をしています。このように物理学によく現れる線形微分方程式の解は，**特殊関数**（special function）と呼ばれ，膨大な研究成果が積み上がっています。Python の SciPy には特殊関数の `special` ライブラリがあり，ここでも利用しています。

――――――――――――――― リスト **2.1**（Airy.py）―――――――――――――――

```
 1  import matplotlib.pyplot as plt
 2  import numpy as np
 3  from scipy import special
 4  x = np.linspace(-12, 5, 400)
 5  ai, aip, bi, bip = special.airy(x)
 6
 7  fig, ax = plt.subplots()
 8  ax.set_xlabel('x')
 9  ax.set_ylabel('y')
10  ax.set_title('The Airy functions of the first kind')
11  ax.grid()
12
13  ax.plot(x, ai, label='Ai(x)', color="black")
14  ax.plot(x, bi, label='Bi(x)', linestyle="dotted", color="black")
15  plt.ylim(-0.5, 1.0)
16  ax.legend()
17  plt.show()
```

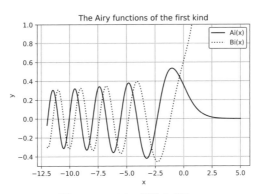

図 2.1　エアリー関数のグラフ

2.3　ベルヌーイの微分方程式

　速度または速度の二乗に比例する抵抗を持つ物体の運動方程式はすでに扱いましたが，それを
さらに一般化して，例えば 3 次の項が出てくるケースを考えましょう．物体の質量を $m\ (>0)$，
速度を v，1 次の摩擦係数を $\mu\ (>0)$，3 次の摩擦係数を $\nu\ (>0)$ とします．つまり，速度と摩
擦の関係が 3 次式になっている場合です．ここでは 2 次の摩擦項は無視できるとしましょう．
この物体の運動方程式は，つぎのようになるでしょう．

$$m\frac{dv}{dt} + \mu v + \nu v^3 = 0 \tag{2.9}$$

これは変数分離形の方程式ですが，摩擦係数が定数ではなく，時間に依存する場合となると変
数分離形の方程式ではなくなります．この問題はよく知られていて，うまく変数変換すること
で線形方程式に帰着できるという意味で重要です．

$$y' + p(x)y = q(x)y^\alpha \quad (\alpha \neq 0, 1) \tag{2.10}$$

という形の微分方程式を**ベルヌーイの微分方程式**（Bernoulli equation）といいます．$\alpha = 0, 1$
のときは，1 階線形方程式ですので除外されています．ベルヌーイの微分方程式は，このまま
では解けそうにありませんが，$z = y^{1-\alpha}$ とおくことによって解くことができます．$y = z^{\frac{1}{1-\alpha}}$
となりますから，$y' = \dfrac{1}{1-\alpha}z^{\frac{\alpha}{1-\alpha}}z'$ となります．これを式 (2.10) に代入すると

$$\frac{1}{1-\alpha}z^{\frac{\alpha}{1-\alpha}}z' + p(x)z^{\frac{1}{1-\alpha}} = q(x)z^{\frac{\alpha}{1-\alpha}}$$

となり，両辺を $\dfrac{1}{1-\alpha}z^{\frac{\alpha}{1-\alpha}}$ で割ると

$$z' + (1-\alpha)p(x)z = (1-\alpha)q(x) \tag{2.11}$$

となるので，1 階線形方程式に帰着されます．

　式 (2.9) は変数分離形ですが，積分がやや面倒なので，$p(t) = \dfrac{\mu}{m}$，$q(t) = -\dfrac{\nu}{m}$，$\alpha = 3$ の場
合のベルヌーイの方程式と考えると，さらに簡単に解くことができます．$z = v^{1-3} = v^{-2}$ と
おくと，z の満たす方程式は

$$z' - 2\frac{\mu}{m}z = 2\frac{\nu}{m}$$

となります．両辺に $e^{-\frac{2\mu}{m}t}$ を掛けて整理すると

$$(e^{-\frac{2\mu}{m}t}z)' = 2\frac{\nu}{m}e^{-\frac{2\mu}{m}t}$$

となりますので，積分して整理すれば

$$z = \frac{\nu}{\mu}(Ce^{\frac{2\mu}{m}t} - 1)$$

となります。v が正の解は次式のようになります。

$$v(t) = \sqrt{\frac{\mu}{\nu}}\frac{1}{\sqrt{Ce^{\frac{2\mu}{m}t} - 1}}$$

3 次の摩擦項が出てきたことによって，$t \to \infty$ の場合に 0 に漸近するようになったのです。

例 2.4 つぎの微分方程式を解いてみましょう。ただし，$y \geqq 0$ の解を考えます。

$$y' + \frac{y}{x} = \frac{y^3}{x}$$

これは，$p(x) = q(x) = 1/x$，$\alpha = 3$ の場合のベルヌーイの方程式です。$z = y^{1-3} = y^{-2}$ とすると，式 (2.11) より，z の満たす方程式は

$$z' - \frac{2}{x}z = -\frac{2}{x}$$

となります。$-\int \frac{2}{x}dx = -2\log x$ ですので，両辺に $e^{-2\log x} = x^{-2}$ を掛けて

$$\left(\frac{z}{x^2}\right)' = \frac{z'}{x^2} - \frac{2}{x^3}z = -\frac{2}{x^3}$$

が得られます。両辺を積分して整理すると

$$z = -x^2\int \frac{2}{x^3}dx = x^2\left(\frac{1}{x^2} + C\right) = 1 + Cx^2$$

となります。よって

$$y = z^{-1/2} = \frac{1}{\sqrt{1 + Cx^2}}$$

という解が得られます。

ベルヌーイの方程式に帰着する微分方程式として，つぎの**リカッチの微分方程式** (Riccati equation)[†]が知られています。

$$\frac{dy}{dx} = p(x)y^2 + q(x)y + r(x)$$

リカッチの微分方程式は，1 つの解 y_1 がわかっていれば，$y = y_1 + u$ とおくと

$$\frac{dy}{dx} = \frac{dy_1}{dx} + \frac{du}{dx},$$

[†] リッカチという表記もあり，どちらが正しいか釈然としませんが，本書では，リカッチとしました。

$$p(x)y^2 + q(x)y + r(x)$$

$$= p(x)(y_1 + u)^2 + q(x)(y_1 + u) + r(x)$$

$$= p(x)y_1^2 + 2p(x)y_1 u + p(x)u^2 + q(x)y_1 + q(x)u + r(x)$$

$$= (p(x)y_1^2 + q(x)y_1 + r(x)) + 2p(x)y_1 u + p(x)u^2$$

$$= \frac{dy_1}{dx} + 2p(x)y_1 u + p(x)u^2$$

となるので

$$\frac{du}{dx} = 2p(x)y_1 u + p(x)u^2$$

に帰着します。これは $\alpha = 2$ の場合のベルヌーイの方程式です。

2.4　完全微分方程式，contour 関数による陰関数の表示

微分方程式

$$f(x,y)dx + g(x,y)dy = 0 \tag{2.12}$$

は，左辺が，ある関数 U の完全微分（全微分）

$$dU = \frac{\partial U}{\partial x}dx + \frac{\partial U}{\partial y}dy$$

に等しいとき，**完全微分方程式**（exact differential equation）といいます。式 (2.12) は厳密には微分形式と呼ばれるものですが，ここでは

$$f(x,y) + g(x,y)\frac{dy}{dx} = 0$$

を記号的に書いたと思ってください。

式 (2.12) が完全微分方程式で，$f(x,y)$，$g(x,y)$ が微分可能であれば

$$\frac{\partial f}{\partial y} = \frac{\partial}{\partial y}\left(\frac{\partial U}{\partial x}\right) = \frac{\partial}{\partial x}\left(\frac{\partial U}{\partial y}\right) = \frac{\partial g}{\partial x}$$

が成り立ちます。じつは，逆に

$$\frac{\partial f}{\partial y} = \frac{\partial g}{\partial x}$$

が成り立てば，適当な定数 a，b に対して

$$U(x,y) = \int_a^x f(x,y)dx + \int_b^y g(a,y)dy \tag{2.13}$$

とおくことで，明らかに

$$\frac{\partial U}{\partial x} = \frac{\partial}{\partial x}\int_a^x f(x,y)dx + \frac{\partial}{\partial x}\int_b^y g(a,y)dy = f(x,y)$$

となります。ここで使ったのは，$\displaystyle\int_b^y g(a,y)dy$ が x を含まないということと微分積分学の基本定理だけです。一方，U を y で微分すると

$$\begin{aligned}\frac{\partial U}{\partial y} &= \frac{\partial}{\partial y}\int_a^x f(x,y)dx + \frac{\partial}{\partial y}\int_b^y g(a,y)dy\\ &= \frac{\partial}{\partial y}\int_a^x f(x,y)dx + g(a,y)\\ &= \int_a^x \frac{\partial}{\partial y}f(x,y)dx + g(a,y)\\ &= \int_a^x \frac{\partial}{\partial x}g(x,y)dx + g(a,y)\\ &= [g(x,y)]_a^x + g(a,y)\\ &= g(x,y) - g(a,y) + g(a,y) = g(x,y)\end{aligned}$$

となります。2 行目から 3 行目を導く際に，積分と微分の順序を交換していますが，これは無条件にできることではなく，x の動く範囲で，$\dfrac{\partial}{\partial y}f(x,y)$ が連続であるという条件が必要です。つまり，つぎの定理が得られます。

定理 2.1 $\dfrac{\partial}{\partial y}f(x,y)$ が連続であるとき，微分方程式 (2.12) が完全微分形であるための必要十分条件は，つぎの等式が成り立つことである。

$$\frac{\partial f}{\partial y} = \frac{\partial g}{\partial x}$$

微分方程式 (2.12) が完全微分形であれば，$U = U(x,y(x))$ の微分は，合成関数の微分公式より

$$\frac{dU}{dx} = \frac{\partial U}{\partial x}\frac{dx}{dx} + \frac{\partial U}{\partial y}\frac{dy}{dx} = f(x,y) + g(x,y)\frac{dy}{dx} = 0$$

となるので，$U = U(x,y(x))$ は定数になります。つまり，微分方程式 (2.12) の解は

$$U(x,y) = C \quad (C：定数)$$

ということになります。例を通して考えてみましょう。

例 2.5 微分方程式

$$(x^2 + y^2)dx + (2xy + y + 1)dy = 0$$

を解いてみましょう。この微分方程式は

$$f(x,y) = x^2 + y^2, \quad g(x,y) = 2xy + y + 1$$

としたとき

$$\frac{\partial f}{\partial y} = 2y = \frac{\partial g}{\partial x}$$

となるので完全微分形です。$\frac{\partial U}{\partial x} = f(x,y)$ の両辺を x で積分すると

$$U(x,y) = \int f(x,y)dx = \int (x^2 + y^2)dx = \frac{1}{3}x^3 + xy^2 + p(y)$$

となります。ここで，$p(y)$ は積分定数にあたるものです。x で偏微分したら 0 になります。この $U(x,y)$ を $\frac{\partial U}{\partial y} = g(x,y)$ に代入すると

$$\frac{\partial U}{\partial y}\left(\frac{1}{3}x^3 + xy^2 + p(y)\right) = 2xy + p'(y) = 2xy + y + 1$$

となるので

$$p'(y) = y + 1$$

ですから，$p(y) = \frac{1}{2}y^2 + y$ となり，求める解が

$$\frac{1}{3}x^3 + xy^2 + \frac{1}{2}y^2 + y = C$$

ということになります。もちろん，式 (2.13) を使って U を直接積分で求めてしまってもよいでしょう。つまり，式 (2.13) において $a = b = 0$ として，つぎのようにして $U(x,y)$ を求めてもかまいません。

$$U(x,y) = \int_0^x f(x,y)dx + \int_0^y g(0,y)dy = \int_0^x (x^2 + y^2)dx + \int_0^y (y+1)dy$$
$$= \frac{1}{3}x^3 + xy^2 + \frac{1}{2}y^2 + y$$

　陰関数の表示方法を学ぶために，Python でこの曲線を表示してみましょう。この曲線は，y イコールの形になっていません。y については 2 次ですので，無理矢理表示できないこともありませんが，このままのほうが自然でしょう。陰関数の表示の仕方は 1 通りではありませんが，ここでは，contour 関数を使ってみましょう。**リスト 2.2** のプログラムは $C = 2$ のときの曲線を描くプログラムです。実行すると**図 2.2** が描かれます。

リスト 2.2 (implicitfunction.py)

```
1 import matplotlib.pyplot as plt
2 import numpy as np
3
4 xran = np.arange(-3, 3, 0.025)
```

```
5  yran = np.arange(-3, 3, 0.025)
6  x, y = np.meshgrid(xran,yran)
7
8  plt.axis([-3, 3, -3, 3])
9  plt.gca().set_aspect('equal', adjustable='box')
10
11 z=x**3/3 + x*y**2 + y**2/2 + y
12 C = 2
13 plt.contour(x, y, z, [C])
14 plt.show()
```

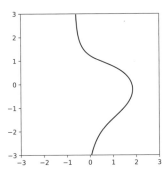

図 2.2 $\dfrac{1}{3}x^3 + xy^2 + \dfrac{1}{2}y^2 + y = 2$
のグラフ

2.5 解の存在と一意性

これまで前提としてきた微分方程式の解の存在と一意性（初期値問題の解が存在してただ1つだけであること）は，数学者から見ると非常に重要な問題なのですが，応用家にとってはどうでもよいと思われがちです。本節で見るように，解の一意性は，変数分離形の微分方程式という簡単な方程式においても問題になります。このような素朴な疑問と関係していることを考えると，この問題を完全に無視するのも危険でしょう。ここでは，1 階の微分方程式に対する解の存在と一意性の問題を解説します。これは高階の微分方程式にも一般化できます。

2.5.1 変数分離形の解法で感じる違和感

変数分離形の解法では，$g(x)$ で両辺を割る操作が必要になります。このとき，$g(x_0) = 0$ となるような x_0 があったらどうなるのか，という疑問を持つ方がいるのではないかと思います。それはもっともな疑問だと思います。最初に，「式 (1.9) の初期値問題の解が一意的（1 つだけ）である」という定理があるため，大抵の場合は気にしなくてよいということを指摘しておきましょう。

ここで，解の一意性が保証されていることのご利益について説明しましょう。つまり，微分方程式 (1.9) の初期値問題が一意性を持つなら，その解は，$g(x_0) = 0$ となるような x_0 を横切ることはないのです。

その事情を例を挙げて説明しましょう。つぎの

$$\frac{dx}{dt} = -2t(x-1) \tag{2.14}$$

という方程式を考えましょう。式 (2.14) を変数分離形の処方せんに従って解けば

$$x = 1 + Ce^{-t^2} \tag{2.15}$$

となります。このグラフを**図 2.3** に示します。

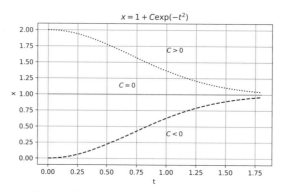

図 2.3 式 (2.14) の解である式 (2.15) のグラフ

　式 (2.14) を変数分離形の解法に従って解く際に，$x = 1$ を横切らないかが問題となりますが，そのようなことは起きていません。式 (2.14) に初期値 $x(0) = x_0$ を与えて初期値問題を解くことを考えます。$C = x_0 - 1$ とすればよいですから，$x_0 > 1$ $(C > 0)$ のとき，$x_0 = 1$ $(C = 0)$ のとき，$x_0 < 1$ $(C < 0)$ のときに応じて解曲線が変わります。$C > 0$ のときは，細かい点線のグラフ，$C = 0$ のときは実線で t 軸に平行な直線，$C < 0$ のときは粗い点線のグラフになります。これらのグラフは交わることはありません。解の一意性（つまり異なる初期値に対しては異なる曲線になること）があれば，決して $x = 1$ を横切ることはできません。なぜなら，もし，$x = 1$ となる点があったとすれば，解の一意性より，その解は，$x = 1$ という定数関数以外あり得ないからです。

　ついでながら，図を表示するプログラムを**リスト 2.3** に載せておきます。

―――――― **リスト 2.3**（SolutionCurve.py）――――――

```
 1 import matplotlib.pyplot as plt
 2 import numpy as np
 3
 4 fig, ax = plt.subplots()
 5 ax.set_xlabel('t')
 6 ax.set_ylabel('x')
 7 ax.set_title(r'$x=1+C\exp(-t^2)$')
 8 ax.grid()
 9
10 t = np.linspace(0, 1.8, 100)
11 x1 = 1 + np.exp(-t**2)
```

```
12  x2 = 1 - np.exp(-t**2)
13  x3 = 1 + 0*np.exp(-t**2)
14
15  ax.plot(t, x1, linestyle = "dotted")
16  ax.plot(t, x2, linestyle = "dashed")
17  ax.plot(t, x3)
18  fig.tight_layout()
19  ax.text(1, 1.65, r'$C>0$')
20  ax.text(1, 0.35, r'$C<0$')
21  ax.text(0.6, 1.10, r'$C=0$')
22  plt.show()
```

　大体からくりがわかったでしょうか。重要なポイントは,微分方程式 (1.9) において,$g(x_0) = 0$ となるような x_0 に対し,$x = x_0$ という定数関数は,式 (1.9) の解になっているということです。解の一意性により,どこかで x_0 という値を取る解は必ず $x = x_0$ という定数関数にならざるを得ないのです。

2.5.2　解の存在と一意性の定理

　じつは,初期値問題の解の存在と一意性は当然成り立つというわけではありません。存在はかなり広範囲に成り立つことがわかっていますが,一意性はさらにデリケートで,成り立たない例を簡単につくることができます。

　つぎの微分方程式の初期値問題を考えましょう。

$$\frac{dx}{dt} = 2\sqrt{|x|}$$

$$x(0) = 0$$

形式的に変数分離形の解法を適用してみましょう。$x(t) > 0$ とすると $t > 0$ で

$$\int \frac{dx}{\sqrt{x}} = 2t + C$$

となり,積分を実行すると

$$2\sqrt{x} = 2t + C$$

となります。両辺を 2 で割って二乗すると

$$x = (t + C)^2$$

となります。$t = 0$ のとき $x = 0$ ですから,$C^2 = 0$ です。$C = 0$ として,$x(t) = t^2$ を初期値問題の解だと思ってもよさそうですが,$a < 0 < b$ となるような任意の a,b に対して

$$x(t) = \begin{cases} -(t-a)^2 & (t \le a) \\ 0 & (a < t \le b) \\ (t-b)^2 & (t > b) \end{cases}$$

という関数を考えてみたらどうでしょうか。確かにこれも初期値問題の解になっています。実際，$x(0) = 0$ は満たされていますし

$$x'(t) = \begin{cases} -2(t-a) & (t \leq a) \\ 0 & (a < t \leq b) \\ 2(t-b) & (t > b) \end{cases}$$

となり，確かにこれは $2\sqrt{|x|}$ に一致します。定数 a, b は，$a < 0 < b$ の範囲で自由に取れますから，解は無数にあることになります。

解の存在と一意性はつぎの定理 2.2 のように一定の条件下で保証されています。

定理 2.2（解の存在と一意性の定理） 領域 $R : |t - t_0| \leq a$, $|x - x_0| \leq b$ において，$|f(t,x)| \leq M$ が成り立ち，かつ適当な定数 $L > 0$ に対して，**リプシッツ条件**（Lipschitz condition）

$$|f(t,x_1) - f(t,x_2)| \leq L|x_1 - x_2|$$

が満たされるとする。このとき，つぎの微分方程式の解が，$|t - t_0| \leq \min(a, b/M)$ において一意に存在する。

$$\frac{dx}{dt} = f(t,x)$$
$$x(t_0) = x_0$$

上に挙げた一意性を満たさない例は，この定理の条件（リプシッツ条件）を満たしていません。

原点においてリプシッツ条件を満たさないことはつぎのようにして確認することができます。ここで，$x_1 > 0$, $x_2 > 0$ とすると

$$\left| \frac{\sqrt{x_1} - \sqrt{x_2}}{x_1 - x_2} \right| = \frac{1}{\sqrt{x_1} + \sqrt{x_2}}$$

となりますが，x_1, x_2 はいくらでも 0 に近づけることができるので，右辺はいくらでも大きな値を取ることができます。リプシッツ条件は，この値が有限値 L 以下に収まるという条件でしたから，これは，リプシッツ条件が満たされないことを示しています。

それでは，ここで定理 2.2 の証明をしておきましょう。証明の考え方は数値解法の誤差評価の導出などでも使われます（6.1.1 項をご参照ください）。

ここで説明する方法は，**ピカールの逐次近似法**（Picard iteration）と呼ばれる方法です。常微分方程式の性質を理論面から調べるには

$$\frac{dx}{dt} = f(t,x) \tag{2.16}$$

を積分方程式に書き直すのが有効です†。式 (2.16) の両辺を t_0 から t まで積分すると

$$[x(s)]_{t_0}^t = \int_{t_0}^t f(t, x(s))ds$$

となりますので

$$x(t) = x_0 + \int_{t_0}^t f(t, x(s))ds \tag{2.17}$$

となります。この積分方程式 (2.17) の解が存在すれば，これが初期値問題の解であることは明らかでしょう。実際，式 (2.17) の両辺を t で微分すれば，式 (2.16) になりますし，$t = t_0$ とすれば，$x(t_0)$ の値は x_0 になります。

この積分方程式の形を利用し，式 (2.17) の局所解，すなわち

$$|t - t_0| \leqq \min\left(a, \frac{b}{M}\right)$$

における解の存在と一意性を示しましょう。

まず，存在から示しますが，若干準備がいります。初期値は，$x(t_0) = x_0$ ですので，定数関数 $x(t) = x_0$ から出発して，つぎのように逐次的に近似解を更新していきます。

$$x_0(t) = x_0$$
$$x_n(t) = x_0 + \int_{t_0}^t f(t, x_{n-1}(s))ds \quad (n = 1, 2, \cdots)$$

もし，$x_0(t), x_1(t), \cdots$ が，ある関数 $x(t)$ に一様収束すれば，その極限関数は，式 (2.17) を満たします。つまり，存在証明に関しては，$x_0(t), x_1(t), \cdots$ が一様収束することを示すことが目標になります。一様収束をご存知ない方は，2.5.4 項をご覧ください。

微分方程式を逐次近似法で解く場合，注意しなければならないのは，逐次近似解 $x_0, x_1, \cdots$ が，領域 R に収まっているかということです。この領域を出てしまうと，$|f(t, x)| \leqq M$ であるとか，リプシッツ条件を満たしているかなど，証明に必要な条件が使えなくなってしまうからです。逐次近似解が R に収まっていることの証明には数学的帰納法を使います。以下，$\epsilon = \min\left(a, \frac{b}{M}\right)$ とおきます。

まず，$n = 0$ のときは，$|x_0(t) - x_0| = 0 \leqq \epsilon$ は当然満たされています。x_{n-1} が R に収まっていると仮定しましょう。すると，$|f(t, x_{n-1}(t))| \leqq M$ ですから

$$|x_n(t) - x_0| = \left|\int_{t_0}^t f(t, x_{n-1}(s))ds\right| \leqq \left|\int_{t_0}^t |f(t, x_{n-1}(s))|ds\right|$$
$$\leqq M\left|\int_{t_0}^t ds\right| \leqq M|t - t_0| \leqq M \cdot \frac{b}{M} = b$$

---

† 少し不思議ですが，現象を記述するという意味では微分方程式の形が自然（運動方程式は微分方程式）なのに対し，数学的には積分方程式のほうがずっと扱いやすいのです。

となります。つまり，x_n も R に収まっています。数学的帰納法により，すべての $n \geqq 0$ に対して，逐次近似解 $x_n(t)$ は R に収まっていることがわかりました。つぎに，逐次近似解が正しい解に一様収束することを示しましょう。その際，逐次近似解をつぎのように差の有限和で表現します。

$$x_n(t) = x_0 + \sum_{k=1}^{n}(x_k(t) - x_{k-1}(t)) \tag{2.18}$$

式 (2.18) の右辺が $n \to \infty$ で一様収束することを示します。そのために，つぎの不等式を準備します。

$$|x_k(t) - x_{k-1}(t)| \leqq ML^{k-1}\frac{|t - t_0|^k}{k!} \quad (k = 1, 2, \cdots) \tag{2.19}$$

もし，式 (2.19) が成り立てば

$$\sum_{k=1}^{\infty} ML^{k-1}\frac{|t - t_0|^k}{k!} = \frac{M}{L}(e^{L|t-t_0|} - 1)$$

となるので，ワイエルシュトラスの優級数判定法より，式 (2.19) から式 (2.18) が一様収束することがわかります。

式 (2.19) を証明します。これも数学的帰納法を使います。$k = 1$ のときは

$$|x_1(t) - x_0| \leqq M|t - t_0|$$

を示せばよいのですが，これは簡単で

$$|x_1(t) - x_0| = \left|\int_{t_0}^{t} f(t, x_0)ds\right| \leqq \left|\int_{t_0}^{t} |f(t, x_0)|ds\right|$$
$$\leqq M\left|\int_{t_0}^{t} ds\right| = M|t - t_0|$$

となることがすぐにわかります。k に対して式 (2.19) が成り立つと仮定すると

$$|x_{k+1}(t) - x_k(t)| = \left|\int_{t_0}^{t} \{f(s, x_k(s)) - f(s, x_{k-1}(s))\} ds\right|$$
$$\leqq L\left|\int_{t_0}^{t} |x_k(s) - x_{k-1}(s)|ds\right| \leqq L\left|\int_{t_0}^{t} ML^{k-1}\frac{|s - t_0|^k}{k!}ds\right|$$
$$= \frac{ML^k}{k!}\left|\int_{t_0}^{t} |s - t_0|^k ds\right| \leqq \frac{ML^{k-1}}{k!} \cdot \frac{|t - t_0|^{k+1}}{k+1}$$
$$= ML^k\frac{|t - t_0|^{k+1}}{(k+1)!}$$

となるので，$k+1$ でも正しいことになります。よって，式 (2.18) の極限関数を x とすれば，これは求める初期値問題の解になっています。

　これで「存在」は示せましたが，「一意性」の証明が残っています。一意性の証明には，つぎのグロンウォールの不等式（Gronwall's inequality）を使います。ここで紹介するグロンウォールの不等式は最もシンプルな場合で，いろいろと一般化できますが，証明の基本的な考え方は同じです（問題 2-40 に一般の場合の不等式を示しましたのでご参照ください）。証明の仕方は，不等式になっているだけで，1 階線形方程式の解き方と大体同じです。

定理 2.3（グロンウォールの不等式）　　A, B を実数の定数とする。ただし，B は正とする。このとき，区間 $[t_0, t_1]$ 上の連続関数 $u(t)$ が

$$u(t) \leqq A + B \int_{t_0}^{t} u(s)ds \tag{2.20}$$

を満たせば，$[t_0, t_1]$ 上で以下の不等式が成り立つ。

$$u(t) \leqq Ae^{B(t-t_0)}$$

証明　　式 (2.20) を

$$u(t) - B \int_{t_0}^{t} u(s)ds \leqq A$$

として，両辺に，e^{-Bt} を掛けると

$$e^{-Bt}u(t) - Be^{-Bt} \int_{t_0}^{t} u(s)ds \leqq Ae^{-Bt}$$

となります。積の微分法を用いて左辺を書き換えると

$$\frac{d}{dt} \left(e^{-Bt} \int_{t_0}^{t} u(s)ds \right) \leqq Ae^{-Bt}$$

となりますが，この両辺を t_0 から $t \geqq t_0$ まで積分すると

$$e^{-Bt} \int_{t_0}^{t} u(s)ds \leqq A \int_{t_0}^{t} e^{-Bt}dt = A \left[-\frac{1}{B}e^{-Bt} \right]_{t_0}^{t}$$
$$= \frac{A}{B}(e^{-Bt_0} - e^{-Bt})$$

となるので，この両辺に e^{Bt} を掛けて

$$\int_{t_0}^{t} u(s)ds \leqq \frac{A}{B}(e^{B(t-t_0)} - 1) \tag{2.21}$$

となります。式 (2.21) を式 (2.20) に代入して

$$u(t) \leqq A + B \int_{t_0}^{t} u(s)ds \leqq A + B \cdot \frac{A}{B}(e^{B(t-t_0)} - 1)$$
$$= Ae^{B(t-t_0)}$$

となり，所望の不等式が得られます。   □

さて，定理 2.3 を使って，解の一意性を示しましょう。グロンウォールの不等式さえあれば，一意性の証明は難しくありません。

いま，式 (2.17) に 2 つの解 $y(t)$, $z(t)$ があったとします。$t \geqq t_0$ とします（$t < t_0$ のときは積分区間が逆転するだけですので）。

$$y(t) = x_0 + \int_{t_0}^t f(t, y(s))ds$$

$$z(t) = x_0 + \int_{t_0}^t f(t, z(s))ds$$

両者の差を取ってリプシッツ条件を使うと

$$|y(t) - z(t)| = \left| \int_{t_0}^t (f(t, y(s)) - f(t, z(s)))ds \right| \leq L \int_{t_0}^t |y(s) - z(s)|ds$$

が得られます。ここで，定理 2.3 より

$$|y(t) - z(t)| \leq 0$$

となりますが，明らかに $0 \leq |y(t) - z(t)|$ ですから，$y(t) = z(t)$ となることがわかります。これは解の一意性を表しています。

2.5.3 逐次近似解の例

逐次近似解を具体的に構成する例を示しましょう。応用上，逐次近似解をそのまま使うことはほとんどないのですが，数学の立場では重要な考え方です。実際に計算してみると逐次近似法が何をしているのかがよくわかると思います。

例 2.6　　初期値問題
$$\begin{cases} \dfrac{dx}{dt} = e^t - x \\ x(0) = 0 \end{cases}$$
をピカールの逐次近似法で解いてみましょう。

これは 1 階線形方程式ですので，もちろん完全に解けるのですが，ここではあえてピカールの逐次近似法を使います。

$$x_0(t) = 0$$
$$x_1(t) = \int_0^t (e^s - x_0(s))ds = \int_0^t e^s ds = e^t - 1$$
$$x_2(t) = \int_0^t \{e^s - (e^s - 1)\}ds = t$$
$$x_3(t) = \int_0^t (e^s - s)ds = e^t - 1 - \frac{t^2}{2}$$

$$x_4(t) = \int_0^t \left\{ e^s - \left(e^s - 1 - \frac{s^2}{2} \right) \right\} ds = \int_0^t \left(1 + \frac{s^2}{2} \right) ds = t + \frac{t^3}{3!}$$

$$x_5(t) = \int_0^t \left\{ e^s - \left(s + \frac{s^3}{3!} \right) \right\} ds = e^t - 1 - \frac{s^2}{2!} - \frac{t^4}{4!}$$

一般に，つぎのようになることがわかります。

$$x_{2n-1}(t) = e^t - \sum_{k=1}^n \frac{t^{2k-2}}{(2k-2)!}$$

$$x_{2n}(t) = \sum_{k=1}^n \frac{t^{2k-1}}{(2k-1)!}$$

$n \to \infty$ での極限を考えると

$$\lim_{n\to\infty} x_{2n-1}(t) = e^t - \frac{1}{2}(e^t + e^{-t}) = \frac{1}{2}(e^t - e^{-t}) = \sinh t$$

$$\lim_{n\to\infty} x_{2n}(t) = \frac{1}{2}(e^t - e^{-t}) = \sinh t$$

となることがわかります。ここで，$e^t = \sum_{m=0}^\infty \frac{1}{m!} t^m$ であることを使いました。

　この例では，何とか極限関数の予想がつきますが，一般には難しいかもしれません。とはいえ，一般解の予想がつかなくてもよいのです。なぜなら，数学的には，解が構成できていればよいからです。

2.5.4　関数列の収束について

　一様収束という言葉を初めて聞くという方のために，一様収束と**ワイエルシュトラスの優級数判定法**（Weierstrass M-test）について簡単に説明しておきましょう。ここで扱うのは単なる数列ではなくて，関数列 $x_0(t), x_1(t), \cdots$ です。

　一様収束（uniform convergence）というのは，性質のよい収束です。関数列 $x_0(t), x_1(t), \cdots$ が，t ごとに極限値 $x(t)$ を持つとします。このとき，$x_n(t)$ は $x(t)$ に**各点収束**（pointwise convergence）するといいます。これが通常の極限関数のイメージでしょう。このとき，収束のスピード（これはちゃんと定義していないので，大体の雰囲気でとらえてください）は，各 t に依存しているのが普通ですが，この収束のスピードが点によらずに一様だ，というのが一様収束です。一様収束を正確に定義しておきましょう。

定義 2.1　　関数列 $x_0(t), x_1(t), \cdots$ が区間 I で $x(t)$ に一様収束するとは

$$\lim_{n\to\infty} \sup_I |x_n(t) - x(t)| = 0$$

となることである。

ここで，sup という記号が現れましたが，これは上限のことです。実数の部分集合 D の上限が m であるとは，D の任意の元 a が，$a \leq m$ であり，かつ，勝手な $\epsilon > 0$ に対し，$b - \epsilon \leq m$ となるような D の元 b が存在することです。最大値みたいなものですが，最大値とは少し違っている可能性もあります。

例 2.7　多くの微積分の教科書に載っている例ですが，区間 $I = [0,1]$ において，$x_n(t) = t^n$ $(n = 1, 2, \cdots)$ は

$$x(t) = \begin{cases} 0 & (0 \leq t < 1) \\ 1 & (t = 1) \end{cases}$$

に各点収束します。

つまり，t を固定すれば，$x(t)$ に収束するわけです。ここまではよいでしょう。問題は，これがどの点 t でも同じくらいのペースなのかということです。例えば，$t_n = 1 - \dfrac{1}{n}$ とすると，$t_n \to 1 \ (n \to \infty)$ となりますが，このとき

$$x_n(t_n) = \left(1 - \frac{1}{n}\right)^n \to \frac{1}{e} \quad (n \to \infty)$$

となります。これは，I において

$$\lim_{n \to \infty} \sup_I |x_n(t) - x(t)| \geq \lim_{n \to \infty} |x_n(t_n) - x(t_n)| = \frac{1}{e}$$

ということを意味していますから，$x_n(t) = t^n$ は，I において $x(t)$ に一様収束しないのです。

一様収束は各点収束よりも強い収束です。つまり，一様収束すれば各点収束しますが，例 2.7 で見たように，各点収束するのに一様収束しない関数列があります。一様収束にはいろいろとよい性質があります。特に，つぎの 2 つの定理が重要です。証明抜きで結果だけ述べておきます。

定理 2.4　区間 I における連続関数列の一様収束極限は I で連続である。

定理 2.5　$[a, b]$ において，関数列 $x_0(t), x_1(t), \cdots$ が，$x(t)$ に一様収束するならば

$$\lim_{n \to \infty} \int_a^b x_n(t)t = \int_a^b x(t)dt$$

が成り立つ。

つぎの定理 2.6 は，**ワイエルシュトラスの優級数判定法**と呼ばれています。単に M-test と呼ぶことも多いです。

定理 2.6（**M-test**）　非負の数列 $M_0, M_1, \cdots$ が，$\sum_{n=0}^{\infty} M_n < \infty$ を満たすとする。区間 I で定義された関数列 $y_0(t), y_1(t), \cdots$ が

$$|y_n(t)| \leqq M_n$$

を満たすならば，$\sum_{n=0}^{\infty} y_n(t)$ は，I 上で絶対かつ一様収束する。

例 2.8　M-test は便利です。例えば

$$\sum_{n=1}^{\infty} \frac{\cos nx}{n^\alpha} \tag{2.22}$$

は，$\alpha > 1$ で一様収束します。実際

$$\left| \frac{\cos nx}{n^\alpha} \right| \leqq \frac{1}{n^\alpha} = M_n$$

とすれば，$\sum_{n=1}^{\infty} M_n < \infty$ が満たされ，M-test から，式 (2.22) の一様収束性がわかるためです。また

$$S_N(t) = \sum_{n=1}^{N} \frac{\cos nx}{n^\alpha}$$

は連続関数ですから，定理 2.4 により，式 (2.22) の無限級数で定まる関数 $S(t) = \lim_{N \to \infty} S_N(t)$ も連続関数であることがわかります。このような性質が，関数の具体的な形を経由せずにわかることが M-test のありがたいところです。

補足 2.2　定理 2.2 によって，適当な条件下で解が一意的に存在することが保証されていますが，解が有限の範囲に収まるかというとそうではありません。つぎの

$$\frac{dx}{dt} = x^2$$
$$x(0) = x_0 \quad (> 0)$$

という微分方程式を考えましょう。変数分離形ですから簡単に解くことができます。適当に t の範囲を制限すれば，解の存在と一意性の条件は満たされていますが，得られる解は

$$x(t) = \frac{x_0}{1 - x_0 t} \quad \left(0 \leqq t < \frac{1}{x_0} \right)$$

で，t が左から $1/x_0$ に近づくにつれて増大し，無限大に発散してしまいます。このような現象は解の**爆発**（blow-up）と呼ばれています。$t = 1/x_0$ を**爆発時刻**（blow-up time）と

58   2. 変数分離形以外の 1 階微分方程式

いいます。爆発時刻を超えて解を延長することはできません。リプシッツ条件は，解の爆発が起こらないための十分条件と考えることもできます。

—————— 章 末 問 題 ——————

問題 2-26 （**数学**） つぎの微分方程式を解いてください。

$$\frac{dy}{dx} = \frac{x^2 + y^2}{xy}$$

問題 2-27 （**数学**） つぎの微分方程式を解いてください。

$$\frac{dy}{dx} = \frac{y^2}{x(x+y)}$$

問題 2-28 （**数学**） つぎの微分方程式を解いてください。

$$\frac{dy}{dx} = \frac{-2x + y}{4x + y}$$

問題 2-29 （**数学**） つぎの微分方程式を解いてください。

$$\frac{dy}{dx} = \frac{2x - y - 3}{x - 2y}$$

問題 2-30 （**数学**） つぎの微分方程式を解いてください。

$$y' + \frac{4x^3}{x^4 + 1}y = 1$$

問題 2-31 （**数学**） つぎの微分方程式を解いてください。

$$y' + 3y = x$$

問題 2-32 （**数学**） つぎの微分方程式を解いてください。

$$y' - y\tan x = x$$

問題 2-33 （**数学**） つぎの微分方程式を解いてください。

$$y' + xy = xy^4$$

問題 2-34 （**数学**） つぎの微分方程式を解いてください。

$$y' + y^2 = \frac{2}{x^2}$$

[ヒント] $y = \frac{2}{x}$ が 1 つの解になっています。

問題 2-35 (**Python**)　つぎの微分方程式は**ベッセル方程式**（Bessel equation）と呼ばれています。

$$x^2 y'' + xy' + (x^2 - v^2)y = 0$$

v は実数の定数です。ベッセル方程式の解

$$J_v(x) = \sum_{m=0}^{\infty} \frac{(-1)^m}{m!\Gamma(m+v+1)} \left(\frac{x}{2}\right)^{2m+v}$$

は第 1 種ベッセル関数と呼ばれています。第 1 種ベッセル関数は，`special` ライブラリにおいて `jv(v, x)` のように表されます。$[0, 25]$ の範囲で，$J_1(x), J_3(x)$ のグラフを重ね描きしてください。

問題 2-36 (**数学**)　つぎの微分方程式を解いてください。

$$x^2 + y^2 + (2xy - 3)y' = 0$$

問題 2-37 (**数学**)(**Python**)　つぎの微分方程式を解いてください。また，そのグラフを描いてください。

$$x^2 y + 2x^2 + y^2 + \left(\frac{x^3}{3} + 2xy + 5\right)y' = 0$$

問題 2-38 (**数学**)　初期値問題

$$\frac{dx}{dt} = 3|x|^{2/3}$$
$$x(0) = 0$$

の解は一意的でないことを示してください。

問題 2-39 (**数学**)　初期値問題：$x'(t) = x(t)$, $x(0) = 1$ の解をピカールの逐次近似法を用いて，近似解の列 $\{x_n(t)\}_{n=0}^{\infty}$ を構成することにより

$$x(t) = \sum_{n=0}^{\infty} \frac{t^n}{n!}$$

となることを示してください。

問題 2-40 (**数学**)　グロンウォールの不等式をつぎのように一般化してください。$f(t)$, $g(t)$ は $t \geqq t_0$ で定義された連続関数で，$g(t) \geqq 0$ とします。このとき，つぎの不等式

$$u(t) \leqq f(t) + \int_{t_0}^{t} g(s)u(s)ds$$

が成り立てば，$[t_0, t]$ 上で以下の不等式が成り立ちます。

$$u(t) \leqq f(t) + \int_{t_0}^{t} g(\zeta)f(\zeta)\exp\left(\int_{\zeta}^{t} g(s)ds\right)d\zeta$$

問題 2-41 (**数学**)　M-test を用いてつぎの級数が一様収束することを証明してください。

$$x(t) = \sum_{n=0}^{\infty}\left(\frac{1}{n} - \frac{1}{n+1}\right)\sin nt$$

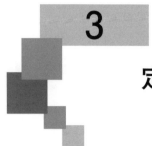

3 定数係数線形方程式

　本章では，定数係数線形方程式を説明します。定数係数線形方程式は，運動方程式，電気回路設計，機械設計，建物の振動解析など，非常に広範囲の領域に応用される重要な方程式のファミリーです。本章では，方程式の概略と，応用上重要なケースの解法を軸に，さまざまな分野への応用を概観します。

3.1　典型的な運動方程式

　定数係数の線形方程式が活躍する場面はいろいろありますが，最も典型的で興味深いのは力学に現れる 2 階の方程式です。

　質量 m の質点の運動方程式は，一般につぎのように表すことができます。

$$F = ma$$

ここで，a は加速度です。変位 x に対して，加速度は

$$a = \frac{d^2 x}{dt^2}$$

となるので，運動方程式は

$$m \frac{d^2 x}{dt^2} = F$$

と表現できることになります。F は力で，さまざまな関数になり得ます。例えば，ばねの伸びについては変位（釣り合いの点からのずれ＝ばねの伸び縮み）があまり大きくないとき

$$F = -kx$$

となるという経験則が知られており，**フックの法則**（Hooke's law）と呼ばれています。ここで $k \, (> 0)$ はばね定数で，符号が負なのは変位と反対方向に力が働く，つまり，ばねを引っぱったり押したりすると，ばねはもとに戻ろうとして逆向きの力が働くということに対応しています。すると，ばねの先端についた質量 m のおもりの運動方程式は

$$m \frac{d^2 x}{dt^2} = -kx$$

となります。これは**単振動の方程式**（**調和振動子の方程式**, the harmonic oscillator equation）

と呼ばれる 2 階の微分方程式です。

　いまの例では，摩擦を考慮していませんでした。速度 $\dfrac{dx}{dt}$ に比例する摩擦（摩擦係数 $\gamma\ (\geqq 0)$）を考慮すると

$$m\frac{d^2x}{dt^2} = -kx - \gamma\frac{dx}{dt}$$

となります。右辺を左辺に移項すると

$$m\frac{d^2x}{dt^2} + \gamma\frac{dx}{dt} + kx = 0$$

となります。これがばねについた質量 m のおもりの摩擦も考慮した運動方程式になります。さらに，振幅 A, 周期 $T = 2\pi/\omega$ の周期的な外力が加わった場合は

$$m\frac{d^2x}{dt^2} + \gamma\frac{dx}{dt} + kx = A\sin\omega t$$

のようになります。これらはすべて定数係数の線形微分方程式なのです。

　いま，**微分演算子**（differential operator）

$$D = \frac{dx}{dt}$$

を導入すると

$$mD^2x + \gamma Dx + kx = A\sin\omega t$$

と書けます。ここで D について整理すると

$$(mD^2 + \gamma D + k)x = A\sin\omega t$$

のようになります。ここで，$P(D) = mD^2 + \gamma D + k$ は微分演算子の多項式ですので**微分多項式**（polynomial differential operator with constant coefficients）と呼ばれます[†1]。

　すると，より一般に，われわれが扱うべき方程式は

$$P(D)x = f(t)$$

のような形になることがわかります。ここで，$f(t) = 0$ となる場合を**斉次方程式**（homogeneous equation）と呼びます[†2]。

　一般に解くべき方程式は，微分多項式 $P(D)$ に対する**非斉次方程式**（non-homogeneous equation）

$$P(D)x = f$$

ですが（ここで $f(t)$ の (t) は省略しています），じつは，非斉次方程式を解くためには，斉次方程式の解が必要になります。この事情を説明しましょう。

[†1]　ここで微分演算子，微分多項式といっているのは形式的な記号の話です。数学で「作用素」（英語では演算子と同じく operator ですが）といえば，**定義域**（domain）を定めたものを指すことが多いと思います。

[†2]　同次方程式と訳すこともあると思いますが，同次形の方程式と紛らわしいので，本書では斉次方程式と訳すことにします。

1つの解 x_0 が，何らかの方法でわかったとします。このとき

$$P(D)x_0 = f$$

が成り立っています。もとの方程式 $P(D)x = f$ から辺々引き算すると

$$P(D)x - P(D)x_0 = f - f = 0$$

となります。少し書き換えると

$$P(D)(x - x_0) = 0$$

となり，$x - x_0$ は斉次方程式の解になることがわかります。斉次方程式

$$P(D)w = 0$$

の解 w が求められたとすると，一般解は

$$x = x_0 + w$$

と書くことができるわけです。よって，一般の非斉次方程式を解くには，「斉次方程式を解く方法」と「1つの解 x_0 を求める方法」の2つがあればよいことになります。

3.2 斉次方程式を解く

最初に，斉次方程式 $P(D)y = 0$ を解く方法を説明しましょう。何段階か必要になりますが，最も簡単な場合を扱うことにします。

まず，指数関数に注目しましょう。というのは，指数関数が $(e^{\lambda t})' = \lambda e^{\lambda t}$ という性質を持っているためです。これを微分演算子を使って表現すると，$D(e^{\lambda t}) = \lambda e^{\lambda t}$ となります。この操作を n 回繰り返せば，$D^n(e^{\lambda t}) = \lambda^n e^{\lambda t}$ となりますから，一般につぎのようになるわけです。

$$P(D)e^{\lambda t} = P(\lambda)e^{\lambda t}$$

このことから，$P(\lambda) = 0$ となる λ に対してはつぎのようになります。

$$P(D)e^{\lambda t} = P(\lambda)e^{\lambda t} = 0$$

つまり，$P(\lambda) = 0$ となる λ に対して $e^{\lambda t}$ は斉次方程式の解になっているのです。

どうやら（代数）方程式 $P(\lambda) = 0$ が問題を解く鍵のようです。そこで，この方程式に名前をつけて，**特性方程式** (characteristic equation) と呼ぶことにしましょう。いま，$\lambda_1, \lambda_2, \cdots, \lambda_n$ がすべて異なっている（つまり，$\lambda_i \neq \lambda_j \ (i \neq j)$）とすれば，最高次の係数を1として

$$P(D) = (D - \lambda_1)(D - \lambda_2) \cdots (D - \lambda_n)$$

のように書くことができます。

2 階の定数係数線形微分方程式 $P(D)x = 0$ を高校数学的に（数列のところで習う 3 項間漸化式のようにして）解いてみることにします。特性多項式がつぎのように分解すると仮定しましょう。

$$P(D) = (D - \lambda_1)(D - \lambda_2)$$

$$P(D)x = D^2 x - (\lambda_1 + \lambda_2)Dx + \lambda_1 \lambda_2 x = 0$$

この方程式をつぎのように 2 通りに表してみましょう。

$$D(Dx - \lambda_1 x) = \lambda_2(Dx - \lambda_1 x)$$

$$D(Dx - \lambda_2 x) = \lambda_1(Dx - \lambda_2 x)$$

これらの式は，$z_j = Dx - \lambda_j x \ (j = 1, 2)$ と書けば，$z_1' = \lambda_2 z_1$，$z_2' = \lambda_1 z_2$ と書き直すことができます。いずれも，変数分離形の微分方程式ですから，それらの解は，$z_1 = C_1 e^{\lambda_2 t}$，$z_2 = C_2 e^{\lambda_1 t}$ となります。よって

$$Dx - \lambda_1 x = C_1 e^{\lambda_2 t}$$

$$Dx - \lambda_2 x = C_2 e^{\lambda_1 t}$$

となることがわかります。上の式から下の式を引くと

$$(\lambda_2 - \lambda_1)x = C_1 e^{\lambda_2 t} - C_2 e^{\lambda_1 t}$$

と書けます。つまり

$$x = \frac{C_2}{\lambda_2 - \lambda_1} e^{\lambda_1 t} - \frac{C_1}{\lambda_2 - \lambda_1} e^{\lambda_2 t}$$

となります。ここで，改めて

$$\frac{C_2}{\lambda_2 - \lambda_1}, \quad -\frac{C_1}{\lambda_2 - \lambda_1}$$

をそれぞれ，C_1，C_2 とおけばつぎのように書けることがわかります。

$$x = C_1 e^{\lambda_1 t} + C_2 e^{\lambda_2 t}$$

この議論を一般化すれば，$\lambda_1, \lambda_2, \cdots, \lambda_n$ がすべて異なる（$\lambda_i \neq \lambda_j \ (i \neq j)$）場合，$P(D)x = 0$ のすべての解は

$$x = C_1 e^{\lambda_1 t} + C_2 e^{\lambda_2 t} + \cdots + C_n e^{\lambda_n t}$$

と書けることもわかります。実例を 3 つ見てみましょう。

例題 3.1 つぎの微分方程式を解いてみましょう。

$$x'' + 3x' + 2x = 0$$

【解答】　特性方程式は

$$\lambda^2 + 3\lambda + 2 = 0$$

となります。左辺を因数分解して，$(\lambda + 1)(\lambda + 2) = 0$ となるので，$\lambda = -1, -2$ が解であることがわかります。よって，求める一般解はつぎのようになります。

$$x = C_1 e^{-t} + C_2 e^{-2t}$$

例題 3.2　　つぎの微分方程式を解いてみましょう。

$$x'' + x' - x = 0$$

【解答】　特性方程式は

$$\lambda^2 + \lambda - 1 = 0$$

となります。解の公式を使えば

$$\lambda = \frac{-1 \pm \sqrt{5}}{2}$$

となることがわかるので，一般解はつぎのようになります。

$$x = C_1 e^{\frac{-1+\sqrt{5}}{2}t} + C_2 e^{\frac{-1-\sqrt{5}}{2}t}$$

例題 3.3　　つぎの微分方程式を解いてみましょう。

$$x''' + 2x'' - x' - 2 = 0$$

【解答】　特性方程式は

$$\lambda^3 + 2\lambda^2 - \lambda - 2 = 0$$

となります。左辺を因数分解して，$(\lambda + 1)(\lambda - 1)(\lambda + 2) = 0$ となりますので，$\lambda = -1, 1, -2$ が解であることがわかります。よって，求める一般解はつぎのようになります。

$$x = C_1 e^{-t} + C_2 e^t + C_3 e^{-2t}$$

3.3　特性方程式の解が複素数の場合

　特性方程式が重解を持つ場合は，前節の説明をそのまま適用することはできませんが，特性方程式が実数でない複素数の解を持つ場合ではうまくいきます。特性多項式の解 λ が複素数の

場合には，$e^{\lambda t}$ としてしまうと解が実数でなくなるという問題があり，解を実数の範囲に収めるために，一工夫必要になります。

一般に，多くの現実問題への応用で特性多項式は実数の係数を持ちます。ここで，特性多項式を

$$P(\lambda) = \sum_{j=0}^{n} a_j \lambda^j$$

とします。つまり，係数 a_j $(j = 0, 1, 2, \cdots, n)$ はすべて実数になっているとします。$P(\lambda) = 0$ の両辺の複素共役を取ると

$$\overline{P(\lambda)} = \sum_{j=0}^{n} a_j \overline{\lambda}^j = 0$$

が成り立ちます。ここで，複素共役の性質

$$\overline{z_1 + z_2} = \overline{z_1} + \overline{z_2}$$

$$\overline{z_1 z_2} = \overline{z_1} \cdot \overline{z_2}$$

を使っていることに注意しましょう。特に，2番目の等式から $(\overline{z})^k = \overline{z^k}$ となることがわかります。つまり

$$\overline{P(\lambda)} = P(\overline{\lambda}) = 0$$

が成り立っています。この関係が意味することは，もし，λ が，特性方程式の解であるなら，$\overline{\lambda}$ も特性方程式の解になる，ということです。つまり，$\lambda = \alpha + \beta i$ が特性方程式の解であれば，$\overline{\lambda} = \alpha - \beta i$ も同じ特性方程式の解になっているのです。これをうまく利用して微分方程式の解を実数の範囲に収めるのです。

複素数 $\alpha + \beta i$ に対して，$e^{(\alpha+\beta i)t}$ をどう解釈すればよいでしょうか。ここでオイラーの公式を使って，つぎのように考えます。

$$e^{(\alpha+\beta i)t} = e^{\alpha t} e^{i\beta t} = e^{\alpha t}(\cos \beta t + i \sin \beta t)$$

しかし，これでも解が複素数になるという問題は解決しません。なぜなら

$$Ce^{(\alpha+\beta i)t} = Ce^{\alpha t} \cos \beta t + iCe^{\alpha t} \sin \beta t$$

となってしまいますが，C が 0 でない限り，どのように取っても，この 2 つの項の両方を同時に実数にすることはできないからです。

最終的に微分方程式の解を実数にするためには，別の項を使う必要があります。つまり，$\alpha + \beta i$ が特性方程式の解であれば，$\alpha - \beta i$ も同じ特性方程式の解になっているという事実に注目し，2 つの解とこれに対応する項をまとめて考えるのです。要するに

$$Ae^{(\alpha+\beta i)t} + Be^{(\alpha-\beta i)t}$$

として，A, B をうまく決めればよいのです。つぎのように変形します。

$$Ae^{(\alpha+\beta i)t} + Be^{(\alpha-\beta i)t}$$
$$= e^{\alpha t}(Ae^{i\beta t} + Be^{-i\beta t}) = e^{\alpha t}\{A(\cos\beta t + i\sin\beta t) + B(\cos\beta t - i\sin\beta t)\}$$
$$= e^{\alpha t}\{(A+B)\cos\beta t + i(A-B)\sin\beta t\}$$

ここで，実数の解を得るためには，$A+B=C_1$ と $i(A-B)=C_2$ がともに実数になるように取ればよいことがわかります。注意しなければならないのは，A, B 自身は複素数で構わないということです。A, B を，C_1, C_2 を用いて表せば

$$A = \frac{C_1 - iC_2}{2}, \quad B = \frac{C_1 + iC_2}{2}$$

となります。C_1, C_2 がともに実数なら，A と B は複素共役になります。逆に，A と B を複素共役に取れば

$$e^{\alpha t}\{(A+B)\cos\beta t + i(A-B)\sin\beta t\} = e^{\alpha t}(C_1\cos\beta t + C_2\sin\beta t)$$

は実数の係数を持つことになります。

特に 2 階の方程式

$$P(D)x = \{D-(\alpha+\beta i)\}\{D-(\alpha-\beta i)\}x = 0$$

の場合の解はつぎのようになります。

$$x(t) = e^{\alpha t}(C_1\cos\beta t + C_2\sin\beta t)$$

例 3.1　単振動の方程式（摩擦がない場合）の方程式は，おもりの質量を $m\ (>0)$，ばね定数を $k\ (>0)$ としたときに

$$m\frac{d^2x}{dt^2} = -kx$$

となっていました。これは

$$\frac{d^2x}{dt^2} = -\frac{k}{m}x$$

と書き換えることができますので，特性方程式は

$$\lambda^2 = -\frac{k}{m}$$

となり，その解は

$$\lambda = \pm\sqrt{\frac{k}{m}}\,i$$

となります。よって，単振動の微分方程式の解は

$$x(t) = C_1 \cos\sqrt{\frac{k}{m}}\,t + C_2 \sin\sqrt{\frac{k}{m}}\,t$$

ということになります。三角関数の合成を使えば

$$x(t) = \sqrt{C_1^2 + C_2^2}\,\sin\left(\sqrt{\frac{k}{m}}\,t + \theta_0\right)$$

$$\cos\theta_0 = \frac{C_1}{\sqrt{C_1^2 + C_2^2}}, \quad \sin\theta_0 = \frac{C_2}{\sqrt{C_1^2 + C_2^2}}$$

という形の解であることがわかります。よって，振動の周期を T とすれば

$$\sqrt{\frac{k}{m}}\,T = 2\pi$$

となるので

$$T = 2\pi\sqrt{\frac{m}{k}}$$

となることがわかります。つまり，振動の周期は，ばね定数とおもりの質量の比 k/m が大きくなると小さくなり（速く振動し），逆に比が小さくなると大きくなる（ゆっくり振動する）ことがわかります。

例 3.2　単振動では摩擦を無視していましたが，通常は，摩擦も考慮しなければなりません。速度に比例する摩擦がある場合を考えましょう。運動方程式は，摩擦係数を $\gamma\,(>0)$ としたときに

$$m\frac{d^2x}{dt^2} = -kx - \gamma\frac{dx}{dt}$$

となります。右辺の式を左辺に移項して

$$m\frac{d^2x}{dt^2} + \gamma\frac{dx}{dt} + kx = 0$$

となりますから，特性方程式は

$$m\lambda^2 + \gamma\lambda + k = 0$$

であり，その解は

$$\lambda = \frac{-\gamma \pm \sqrt{\gamma^2 - 4mk}}{2m}$$

となります。ルートの中の符号によって微分方程式の解が変わることに注意しましょう。$\gamma^2 - 4mk = 0$ のときは，特性方程式は重解を持ち，これまでの知識では解くことができないので，次節で考えることにします。

もし，$\gamma^2 - 4mk > 0$ であれば，特性方程式の解は実数のみなので，微分方程式の解は

$$x(t) = C_1 e^{\frac{-\gamma + \sqrt{\gamma^2 - 4mk}}{2m}t} + C_2 e^{\frac{-\gamma - \sqrt{\gamma^2 - 4mk}}{2m}t}$$

となります。指数部の t の係数はともに負なので，$x(t)$ は，t が大きくなると（時間が経つと）指数関数的に 0 に近づくことになります。$\gamma^2 - 4mk < 0$ のときは

$$\lambda = \frac{-\gamma \pm \sqrt{4mk - \gamma^2}i}{2m} = -\frac{\gamma}{2m} \pm \frac{\sqrt{4mk - \gamma^2}}{2m}i$$

となりますので，微分方程式の解は

$$x(t) = e^{-\frac{\gamma}{2m}t}\left(C_1 \cos \frac{\sqrt{4mk - \gamma^2}}{2m}t + C_2 \sin \frac{\sqrt{4mk - \gamma^2}}{2m}t\right)$$

ということになります。これは減衰振動と呼ばれる解です。$\dfrac{\gamma}{2m}$ が減衰の速さを表現しています。ここで

$$T = 2\pi \frac{2m}{\sqrt{4mk - \gamma^2}}$$

は，もとに戻るまでの時間という意味の周期ではありませんが，振動部分だけ見れば周期のようなものになっています。微分方程式の解のグラフを見てみましょう。以下の **リスト 3.1** のプログラムを実行すれば，**図 3.1** が描かれます。α, β の値を変えて波形がどう変化するか試してみてください。

──────────── リスト 3.1 (oscillator.py) ────────────

```
 1 import matplotlib.pyplot as plt
 2 import numpy as np
 3
 4 alpha = -0.5
 5 beta = 20
 6 C1 = 1
 7 C2 = 1
 8 t = np.linspace(0, 8, 400)
 9 x = np.exp(alpha*t)*(C1*np.cos(beta*t)+C2*np.sin(beta*t))
10
11 plt.plot(t, x)
12 plt.show()
```

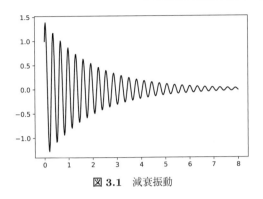

図 **3.1** 減衰振動

3.4 特性方程式が重解を持つ場合

残された問題は，特性方程式が重解を持つ場合です。この問題を解くために，つぎの性質に注目しましょう。

$$(D - \alpha)e^{\alpha t} = (e^{\alpha t})' - \alpha e^{\alpha t} = \alpha e^{\alpha t} - \alpha e^{\alpha t} = 0$$

これを繰り返し適用すれば

$$(D - \alpha)^n e^{\alpha t} = 0$$

ということがわかります。つまり，$x(t) = e^{\alpha t}$ は，微分方程式

$$(D - \alpha)^n x = 0$$

の解になっています。そこでつぎのような形の解を探すことにしましょう。

$$x(t) = g(t)e^{\alpha t}$$

この x に $(D - \alpha)$ という演算を施してみると

$$(D - \alpha)(g(t)e^{\alpha t}) = (g(t)e^{\alpha t})' - \alpha g(t)e^{\alpha t} = g'(t)e^{\alpha t} + \alpha g(t)e^{\alpha t} - \alpha g(t)e^{\alpha t}$$
$$= g'(t)e^{\alpha t} = e^{\alpha t}(Dg)(t)$$

となることがわかります。これは便利な性質です。これを n 回繰り返せば

$$(D - \alpha)^n(g(t)e^{\alpha t}) = e^{\alpha t}(D^n g)(t)$$

となることがわかります。つまり，$x(t) = g(t)e^{\alpha t}$ としたとき，g と x は一対一に対応するので，g を求めれば，x を求めることになります。よって

$$(D - \alpha)^n(g(t)e^{\alpha t}) = e^{\alpha t}(D^n g)(t) = 0$$

となる g を求めれば，問題が解けたことになります。このような g は

$$(D^n g)(t) = g^{(n)}(t) = 0$$

となります。つまり，n 回微分して 0 になる関数は何か，という問題になるわけです。$n = 1$ のときは定数です。$n = 2$ のときは 1 次関数，$n = 3$ のときは 2 次関数になります。一般には $n - 1$ 次関数になります。つまり

$$g(t) = C_0 + C_1 t + \cdots + C_{n-1} t^{n-1}$$

となることがわかります。これに $e^{\alpha t}$ を掛ければ，つぎのように求める解が得られます。

$$x(t) = (C_0 + C_1 t + \cdots + C_{n-1} t^{n-1})e^{\alpha t}$$

質量 m のおもりがばね定数 $k\,(> 0)$ のばねにつながっている状況を考えましょう。速度に比例する摩擦も考慮し，摩擦係数は $\gamma\,(> 0)$ とすると，運動方程式は

$$m\frac{d^2 x}{dt^2} + \gamma\frac{dx}{dt} + kx = 0$$

となります。特性方程式は

$$P(\lambda) = m\lambda^2 + \gamma\lambda + k = 0$$

です。これが重解を持つのは，$\gamma^2 - 4mk = 0$ の場合で，その重解は

$$\lambda = -\frac{\gamma}{2m}$$

です。このときの微分方程式の解は

$$x(t) = (C_0 + C_1 t)e^{-\frac{\gamma}{2m}t}$$

となります。これは**臨界減衰**（critical damping）と呼ばれています。**リスト 3.2** のプログラムを実行すると**図 3.2** が描かれます。

──────── **リスト 3.2**（CriticalDamping.py）────────

```
 1  import matplotlib.pyplot as plt
 2  import numpy as np
 3
 4  alpha = -0.5
 5  C1 = 0
 6  C2 = 1
 7  t = np.linspace(0, 15, 400)
 8  x = np.exp(alpha*t)*(C1+C2*t)
 9
10  plt.plot(t, x)
11  plt.show()
```

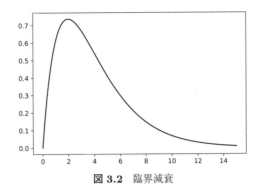

図 3.2 臨界減衰

特性方程式の解 λ と微分方程式の解の対応をまとめるとつぎのようになります。

(1) 実数解 λ に対しては，$Ce^{\lambda t}$ が対応する。

(2) 複素数解 $\lambda = \alpha \pm i\beta$ に対しては

$$e^{\alpha t}(C_1 \cos \beta t + C_2 \sin \beta t)$$

が対応する。つまり，実部 α が振幅，虚部 β が角周波数に対応している。

(3) n 重解 $\lambda = \alpha$ に対しては

$$(C_0 + C_1 t + \cdots + C_{n-1} t^{n-1}) e^{\alpha t}$$

が対応している。

3.5 非斉次方程式をどう解くか

斉次方程式は完全に解けましたので，つぎの問題は非斉次方程式をどう解くかです。この問題を解く一般的なアプローチとしては，ラプラス変換が知られていますが，ごく簡単な場合はさらに直接的に解くことができますので，ここではそのような例を見ていくことにしましょう。ラプラス変換については 4 章で，その必要性も含めて説明することにします。

3.5.1 非斉次項が指数関数の場合

最もシンプルで応用上も重要なのは非斉次項が指数関数の場合です。つまり

$$P(D)x = Ae^{rt}$$

となる場合です。$x_0(t) = Be^{rt}$ という形の解を探してみましょう。

$$P(D)x_0 = BP(r)e^{rt}$$

となるので，これが，Ae^{rt} になるようにすればよいとわかります。つまり

$$BP(r)e^{rt} = Ae^{rt}$$

となるように B を決めればよいわけです。もし，$P(r) \neq 0$ であれば

$$B = \frac{A}{P(r)}$$

となります。つまり，この場合は，つぎのようにすればよいわけです。

$$x_0(t) = \frac{A}{P(r)}e^{rt}$$

例題 3.4　　つぎの簡単な例を解いてみましょう。

$$x'' + 2x' + 2x = 3e^{-3t}$$

【解答】　この問題を解くには，斉次方程式の解 w と非斉次方程式の 1 つの解 x_0 を求めて足せばよいのでした。特性方程式は，$\lambda^2 + 2\lambda + 2 = 0$ ですので，その解は，$\lambda = -1 \pm i$ となります。よって斉次方程式の解は，つぎのようになります。

$$w(t) = e^{-t}(C_1 \cos t + C_2 \sin t)$$

つぎに x_0 ですが，$P(-3) = (-3)^2 + 2 \cdot (-3) + 2 = 5 \neq 0$ となるので

$$x_0(t) = \frac{3}{P(-3)}e^{-3t} = \frac{3}{5}e^{-3t}$$

となり，結果，求める微分方程式の解は，つぎのようになります。

$$x(t) = x_0(t) + w(t) = \frac{3}{5}e^{-3t} + e^{-t}(C_1 \cos t + C_2 \sin t)$$

3.5.2 $P(r) = 0$ となる場合

さて，問題は，$P(r) = 0$ になってしまう場合です。このような場合はどうしたらよいでしょうか。少し見通しをよくするために，$P(\lambda)$ を $\lambda = r$ の周りでテイラー展開してみます。テイラー展開といっても $P(\lambda)$ は多項式ですから，有限項で止まることになります。つまり，つぎのように $P(\lambda)$ を $\lambda - r$ の多項式として表現するということです。

$$P(\lambda) = P(r) + P'(r)(\lambda - r) + \frac{P''(r)}{2!}(\lambda - r)^2 + \cdots + \frac{P^{(n)}(r)}{n!}(\lambda - r)^n$$

λ を D に置き換えた，つぎの微分多項式を考えましょう。

$$P(D) = P(r) + P'(r)(D - r) + \frac{P''(r)}{2!}(D - r)^2 + \cdots + \frac{P^{(n)}(r)}{n!}(D - r)^n$$

$P(D)(h(t)e^{rt})$ を計算してみましょう。$(D - r)(h(t)e^{rt}) = h'(t)e^{rt} + rh(t)e^{rt} - rh(t)e^{rt} = h'(t)e^{rt}$ ですから，この操作を k 回繰り返すことにより

$$(D - r)^k (h(t)e^{rt}) = h^{(k)}(t)e^{rt}$$

が得られます。よって

$$P(D)(h(t)e^{rt})$$
$$= P(r)(h(t)e^{rt}) + P'(r)(D - r)(h(t)e^{rt})$$
$$+ \frac{P''(r)}{2!}(D - r)^2(h(t)e^{rt}) + \cdots + \frac{P^{(n)}(r)}{n!}(D - r)^n(h(t)e^{rt})$$
$$= P(r)(h(t)e^{rt}) + P'(r)h'(t)e^{rt} + \frac{P''(r)}{2!}h''(t)e^{rt} + \cdots + \frac{P^{(n)}(r)}{n!}h^{(n)}(t)e^{rt}$$
$$= \left(P(r)h(t) + P'(r)h'(t) + \frac{P''(r)}{2!}h''(t) + \cdots + \frac{P^{(n)}(r)}{n!}h^{(n)}(t) \right) e^{rt}$$

となりますから，つぎの等式が成り立つように $h(t)$ を選べばよいことがわかります。

$$P(r)h(t) + P'(r)h'(t) + \frac{P''(r)}{2!}h''(t) + \cdots + \frac{P^{(n)}(r)}{n!}h^{(n)}(t) = A$$

$P(r) \neq 0$ でないときは，$h(t) = \dfrac{A}{P(r)}$ という定数関数を取ればよかったのです。このとき，h を微分している項は全部 0 になっています。

もし，$P(r) = 0$ であり，かつ $P'(r) \neq 0$ であれば

$$P'(r)h'(t) = A$$

となるような $h(t)$ として，$h(t) = \dfrac{A}{P'(r)}t$ とすれば，2 階以上の微分は全部 0 ですから，求める x_0 は，つぎのようになります。

$$x_0(t) = \frac{A}{P'(r)}te^{rt}$$

もし，$P(r) = P'(r) = 0$ で，$P''(r) \neq 0$ であったとしたらどうでしょうか。このときは

$$\frac{P''(r)}{2!}h''(t) = A$$

となるようにすればよいわけですが，このとき，$h(t)$ は 2 次式です。$h(t) = qt^2$ として q を調整すると

$$\frac{P''(r)}{2!} \cdot 2!q = A$$

ですから，$q = \dfrac{A}{P''(r)}$ となります。よって，この場合，求める x_0 は

$$x_0(t) = \frac{A}{P''(r)}t^2e^{rt}$$

となります。これを一般化すると，$P(r) = P'(r) = \cdots = P^{(k-1)}(r) = 0$，$P^{(k)}(r) \neq 0$ のとき

$$x_0(t) - \frac{A}{P^{(k)}(r)} t^k e^{rt}$$

となることがわかります。

ここで，$P(r) = P'(r) = \cdots = P^{(k-1)}(r) = 0$，$P^{(k)}(r) \neq 0$ という条件は，$\lambda = r$ が，ちょうど k 重解になっているということと同値であることに注意しましょう。

$P(r) = P'(r) = \cdots = P^{(k-1)}(r) = 0$，$P^{(k)}(r) \neq 0$，$\lambda = r$ の 3 つが，$P(\lambda) = 0$ の k 重解であることは，一般に証明することも難しくありませんが，いささか面倒ですので，ここでは，$k = 3$ の場合の証明をすることにします。この場合の証明を見ておけば，一般の場合の証明も想像がつくかと思います。

実際，r がちょうど 3 重解であれば

$$P(\lambda) = (\lambda - r)^3 Q(\lambda)$$

と書くことができます。ここで，$\lambda = r$ はちょうど 3 重解になっていますので，$Q(\lambda)$ は，$\lambda - r$ で割り切れない，つまり，$Q(r) \neq 0$ が成り立っています。

$$P'(\lambda) = 3(\lambda - r)^2 Q(\lambda) + (\lambda - r)^3 Q'(\lambda)$$

$$P''(\lambda) = 6(\lambda - r)Q(\lambda) + 6(\lambda - r)^2 Q'(\lambda) + (\lambda - r)^3 Q''(\lambda)$$

$$P'''(\lambda) = 6Q(\lambda) + 6(\lambda - r)Q'(\lambda) + 18(\lambda - r)Q'(\lambda)$$
$$+ 9(\lambda - r)^2 Q''(\lambda) + (\lambda - r)^3 Q'''(\lambda)$$

となりますから，確かに，$P(r) = P'(r) = P''(r) = 0$ であり，かつ，$P'''(r) = 6Q(r) \neq 0$ となっています。逆に，$P(r) = P'(r) = P''(r) = 0$ であり，かつ，$P'''(r) \neq 0$ のときは，テイラー展開

$$P(\lambda) = \frac{P'''(r)}{3!}(\lambda - r)^3 + \cdots + \frac{P^{(n)}(r)}{n!}(\lambda - r)^n$$
$$= (\lambda - r)^3 \left\{ \frac{P'''(r)}{3!} + \cdots + \frac{P^{(n)}(r)}{n!}(\lambda - r)^{n-3} \right\} = (\lambda - r)^3 Q(\lambda)$$

の形に書けることがわかります。また，$P'''(r) \neq 0$ から $Q(r) \neq 0$ になっていることもわかります。

以上をまとめると，特性方程式 $P(\lambda) = 0$ が，$\lambda = r$ をちょうど k 重解に持つとき，$x_0(t)$ は，つぎのように書けることになります。

$$x_0(t) = \frac{A}{P^{(k)}(r)} t^k e^{rt}$$

例題 3.5　つぎの微分方程式を解いてみましょう。

$$x'' + 2x' + x = 3e^{-t}$$

【解答】 特性方程式は，$\lambda^2 + 2\lambda + 1 = (\lambda+1)^2 = 0$ となりますので，斉次方程式の解 w は，つぎのようになります。

$$w(t) = (C_0 + C_1 t)e^{-t}$$

$P(\lambda) = (\lambda+1)^2$ ですので，$P(-1) = P'(-1) = 0$, $P''(\lambda) = 2$ となります。よって

$$x_0(t) = \frac{3}{P''(-2)}t^2 e^{-t} = \frac{3}{2}t^2 e^{-t}$$

となり，もとの微分方程式の解は，つぎのようになることがわかります。

$$x(t) = \frac{3}{2}t^2 e^{-t} + (C_0 + C_1 t)e^{-t}$$

3.6　非斉次項が三角関数の場合

つぎに非斉次項が三角関数になっている場合を考えましょう。非斉次項が三角関数になっている場合，じつは指数関数の議論をひとひねりすれば解くことができます。というのは，オイラーの公式があるからです。オイラーの公式 $e^{i\omega t} = \cos\omega t + i\sin\omega t$ において，コサインは実部，サインは虚部に対応しています。つまり，等式 $\cos\omega t = \mathrm{Re}(e^{i\omega t})$, $\sin\omega t = \mathrm{Im}(e^{i\omega t})$ が成り立ちます。よって，例えば

$$P(D)x = A\cos\omega t$$

を解くのであれば

$$P(D)x = Ae^{i\omega t}$$

を解いて，その実部を取ればよく，サインの場合は虚部を取ればよいということになります。この場合，$P(i\omega)$ が 0 になるか否かが問題になります。0 にならないときは，つぎのようにすればよいので簡単です。

$$x_0(t) = \begin{cases} \mathrm{Re}\left(\dfrac{A}{P(i\omega)}e^{i\omega t}\right) & (f(t) = A\cos\omega t) \\[2ex] \mathrm{Im}\left(\dfrac{A}{P(i\omega)}e^{i\omega t}\right) & (f(t) = A\sin\omega t) \end{cases}$$

例題 3.6　　つぎの微分方程式を解いてみましょう。

$$x'' + 5x' + 4x = \sin 2t$$

【解答】 特性方程式は，$\lambda^2 + 5\lambda + 4 = (\lambda+1)(\lambda+4) = 0$ ですので，$\lambda = -1, -4$ になります。よって斉次方程式の解は

$$w(t) = C_1 e^{-t} + C_2 e^{-4t}$$

となります。$P(2i) = (2i)^2 + 5 \cdot 2i + 4 = 10i \neq 0$ となるので

$$x_0(t) = \operatorname{Im}\left(\frac{1}{10i} e^{2it}\right) = \operatorname{Im}\left(\frac{1}{10}\sin 2t - \frac{i}{10}\cos 2t\right)$$

$$= -\frac{1}{10}\cos 2t$$

が得られます。よって，求める微分方程式の解は，つぎのようになることがわかります。

$$x(t) = -\frac{1}{10}\cos 2t + C_1 e^{-t} + C_2 e^{-4t}$$

物理学・工学的観点で興味深いのは，$P(i\omega) = 0$ となる場合です。この場合も 3.5.2 項の議論がそのまま使えます。面白いのは，その解の物理的意味です。

　単振動の方程式にその単振動と同じ周期の正弦波に従う外力を加えることを考えましょう。具体的には，つぎの方程式を考えます。質量は話の単純化のため 1 としましょう。

$$x'' + \omega^2 x = \sin\omega t$$

ここで，$\omega\,(>0)$ は角周波数です。$P(D) = D^2 + \omega^2$ ですから，特性方程式は，$P(\lambda) = \lambda^2 + \omega^2 = 0$ となり，$\lambda = \pm\omega i$ が得られます。斉次方程式の解は

$$w(t) = C_1\cos\omega t + C_2\sin\omega t$$

です。x_0 を求めてみましょう。$P(i\omega) = 0$ ですが，$P'(i\omega) = 2i\omega \neq 0$ となりますので

$$x_0(t) = \operatorname{Im}\left(\frac{1}{P'(i\omega)}te^{i\omega t}\right) = \operatorname{Im}\left(\frac{1}{2i\omega}te^{i\omega t}\right)$$

$$= \operatorname{Im}\left\{\frac{t}{2i\omega}(\cos\omega t + i\sin\omega t)\right\} = -\frac{1}{2\omega}t\cos\omega t$$

となります。つまり，一般解は

$$x(t) = -\frac{1}{2\omega}t\cos\omega t + C_1\cos\omega t + C_2\sin\omega t$$

ということになります。ここで興味深いのは，$x_0(t)$ です。$x_0(t)$ の振幅は，時間とともに大きくなっていきます。$\omega = 1$ の場合のグラフを図 3.3 に示します。このように，外力が特別な周波数を持つときに振動の振幅が大きくなっていく現象を共振（共鳴，resonance）といいます[†]。これは面白い現象です。実際の共振では，ここまで理想的な状態にはなりませんが，特定の周波数で振動が大きく増幅されることがあり，それらも共振と呼ばれます。摩擦を考慮した共振の例は，サスペンション（3.7.2 項）と建物の振動（3.7.3 項），LRC 直列共振回路（3.7.4 項〔2〕）で説明します。

[†]　ただし，振幅が大きくなりすぎると，変位が小さいときにしか成り立たないフックの法則が破綻してしまいますので，いくらでも振幅が大きくなるということはありませんし，摩擦が 0 というのも現実には考えにくいでしょう。

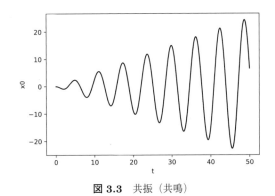

図 3.3 共振（共鳴）

　発振器（ファンクションジェネレータ等）とアンプ，スピーカ，ドライバユニットがあれば，音でワイングラスなどを割ることもできます。形状，大きさにもよりますが，市販の通常のワイングラスであれば，大体 800 Hz あたりに共振周波数があるようです[†]。人間の声の周波数は，約 100～1000 Hz なので，うまくやれば，声でワイングラスを割ることもできるかもしれません。ワイングラスを本来の目的以外に利用するのも何ですが，共振が破壊につながることを実感するにはよい実験だと思います。

　ここまでの話は，非斉次項が指数関数の場合でしたが，指数関数と三角関数の積であっても同じようにして解くことができます。例えば，つぎのような方程式も解くことができます。

例題 3.7　　つぎの微分方程式を解いてみましょう。

$$x'' + x = e^{-t} \cos t$$

【解答】　斉次方程式は単振動の方程式ですからすぐに解け

$$w(t) = C_1 \cos t + C_2 \sin t$$

となります。非斉次項をつぎのように指数関数の実部とみなすと

$$e^{-t} \cos t = e^{-t} \mathrm{Re}(e^{it}) = \mathrm{Re}(e^{(-1+i)t})$$

となるので，$P(-1+i) = (-1+i)^2 + 1 = 1 - 2i \neq 0$ から

$$\begin{aligned}
x_0(t) &= \mathrm{Re}\left(\frac{1}{P(-1+i)} e^{(-1+i)t}\right) = \mathrm{Re}\left(\frac{1}{1-2i} e^{(-1+i)t}\right) \\
&= \frac{e^{-t}}{5} \mathrm{Re}\left\{(\cos t - 2\sin t) + i(\sin t + 2\cos t)\right\} \\
&= \frac{e^{-t}}{5}(\cos t - 2\sin t)
\end{aligned}$$

[†]　本書の主題とはやや離れますが，この種の実験にはフーリエ解析の技術が必要になります。ワイングラスを軽く叩いたときの音を録音して，高速フーリエ変換してパワースペクトルを表示すると，共振周波数が山のピークとして現れます。スマートフォンには録音機能があり，音声ファイルを残すことができます。これを使えば，共振周波数を知ることはそれほど難しいことではありません。Python での信号処理について，詳細は，神永[10]などをご覧いただければと思います。

となります。よって，求める一般解は，つぎのようになります。

$$x(t) = \frac{e^{-t}}{5}(\cos t - 2\sin t) + C_1 \cos t + C_2 \sin t$$

3.7　非斉次項が多項式の場合

　非斉次項が多項式の場合も解くことができます。非斉次項が多項式の場合，例えば電気回路などで，ごく短時間の挙動が知りたいときなどに役立ちます。非斉次項がうまく式で表現できない場合でも，実測データから，$t = 0$ の近くでは大体 t に比例しているとか，t^2 に比例しているというようなことがわかることがあります。このような場合には，ごく短時間であれば，非斉次項を多項式とみなして解析しても問題ないことが多いのです。ここでは，例題を解きつつ考え方を説明しましょう。

例題 3.8　　つぎの微分方程式を解いてみましょう。

$$x'' + 5x' + 4x = t$$

【解答】　特性方程式は，$\lambda^2 + 5\lambda + 4 = (\lambda + 1)(\lambda + 4) = 0$ となりますので，$\lambda = -1, -4$ となり，斉次方程式の解は

$$w(t) = C_1 e^{-t} + C_2 e^{-4t}$$

となります。x_0 については，$x_0(t) = at + b$ として，係数を決めればよいでしょう。

$$x_0'' + 5x_0' + 4x_0 = 0 + 5a + 4(at + b) = 4at + (5a + 4b)$$

となりますので，これが t に一致するように a, b を取ればよいことになります。$4a = 1$, $5a + 4b = 0$ を解いて，$a = \dfrac{1}{4}$, $b = -\dfrac{5}{4}a = -\dfrac{5}{16}$ となるので

$$x_0(t) = \frac{1}{4}t - \frac{5}{16}$$

が得られます。よって，求める一般解は，つぎのようになります。

$$x(t) = \frac{1}{4}t - \frac{5}{16} + C_1 e^{-t} + C_2 e^{-4t}$$

例題 3.9　　つぎの微分方程式を解いてみましょう。

$$x'' + x' = t$$

【解答】　特性多項式 $\lambda^2 + \lambda = 0$ の解は，$\lambda = 0, -1$ ですから，斉次方程式の解は，$w(t) = C_1 + C_2 e^{-t}$ となります。左辺には，x の微分を含まない項がないので，x_0 として 1 次式を取ると左辺は定数になっ

てしまいます。そこで，次数を上げて $x_0(t) = at^2 + bt$ とおいてみましょう。ここで定数項がありませんが，これは，左辺には 1 階以上微分した項しかなく，消えてしまい，不要だからです。この x_0 に対しては

$$x_0'' + x_0' = 2a + 2at + b = 2at + (2a + b)$$

となります。これが t に恒等的に一致するには，$2a = 1$，$2a + b = 0$ とならなければならないので，$a = \dfrac{1}{2}$，$b = -1$ となり

$$x_0(t) = \frac{1}{2}t^2 - t$$

が得られます。一般解は，つぎのようになります。

$$x(t) = \frac{1}{2}t^2 - t + C_1 + C_2 e^{-t}$$

3.7.1 振り子時計の原理

最近ではすっかり見なくなってしまいましたが，筆者が子どもの頃の昭和 40 年代，50 年代前半には，振り子時計をあちこちで見かけました。ここでは，なぜ振り子が時計として機能するのか，微分方程式の観点から見てみます。**図 3.4** のような振り子を考えましょう。細くて軽く堅い棒の長さを l，おもりの質量を m とします。

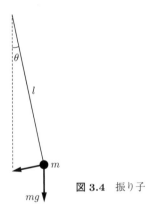

図 3.4 振り子

速度方向は動径に垂直な向き（接線方向）になっています。棒と垂線のなす角を θ とすると，速度の接線方向成分は

$$\frac{d}{dt}(l\theta) = l\frac{d\theta}{dt}$$

となりますので，加速度は，これを微分して

$$l\frac{d^2\theta}{dt^2}$$

になります。鉛直下向きの重力 mg の接線方向の成分は，$mg\sin\theta$ ですから力の釣り合いの式は

$$ml\frac{d^2\theta}{dt^2} + my\sin\theta = 0$$

となることがわかります。残念なことに，この方程式はこのままでは解くことができません。そこで，$|\theta|$ が十分小さいとして，$\sin\theta \approx \theta$ という近似式（マクローリン展開を 1 次で打ち切ったもの）を使えば，近似的に

$$ml\frac{d^2\theta}{dt^2} + mg\theta = 0$$

が成り立つことがわかります。両辺を ml で割って整理すると

$$\frac{d^2\theta}{dt^2} = -\frac{g}{l}\theta$$

となります。この方程式は，単振動の方程式です。解は

$$\theta(t) = C_1 \cos\sqrt{\frac{g}{l}}t + C_2 \sin\sqrt{\frac{g}{l}}t$$

となります。三角関数の合成を考えれば，その周期は

$$T = 2\pi\sqrt{\frac{l}{g}}$$

であることがわかります。振り子の周期は，m と無関係で，棒の長さ l だけで決まるのです。これを利用して時間を測定するのが振り子時計の原理なのです。

3.7.2 サスペンション

自動車などに使われている**サスペンション**（suspension）は，模式的に描くと**図 3.5** のような，**ばね・マス・ダンパモデル**（spring-mass-damper model）として記述することができます。

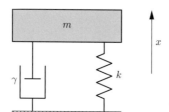

図 3.5 サスペンションの
模式図

ばね定数を k，ダンパの減衰係数（摩擦係数にあたる）を γ，マス（質量）を m として，これに周期的（角周波数 ω）な外力 $F_0 \cos\omega t$ を加えることを考えます。これはそういう道を走っている車を想像すればよいでしょう。実際の道は複雑な形をしていますから，サスペンションに加わる外力は，一般に無数の周波数を含む，つまり，外力は適当な角周波数 $\omega_0, \omega_1, \cdots$ に対し

$$F = \sum_{n=0}^{\infty}(a_n \cos\omega_n t + b_n \sin\omega_n t)$$

のような形で表現できるでしょう（もちろん収束するとしての話です）。ω_j が大きいところが高

周波成分です。つまり，小刻みの振動にあたります。ω_j が小さいところは低周波成分で，ゆっくりと振動する部分です。道路を走っているときの振動に合わせて角周波数を調整し，それらの周波数に合わせてあまり解が急峻に変動しないようにすれば，乗り心地がよくなるというわけです。筆者は，南インドのチェンナイというところに住んでいたことがあります。当時はきれいに舗装されていない道が多くて，そんな道をバスで移動したときは，猛烈な振動に驚かされました。サスペンションがこのような道に合わせて設計されていれば，快適だったと思います。

　ここで扱うのはその最も単純な場合にあたりますが，方程式には線形性があるので，さらに複雑な場合の解の挙動を知るには，おのおのの解を足せばよいことになります。微分方程式は，つぎのようになります。

$$m\frac{dx^2}{dt^2} + \gamma\frac{dx}{dt} + kx = F_0 \cos\omega t \tag{3.1}$$

　外力が加えられてから時間が十分経過したときの状態（これを**定常状態**（steady state）といいます）に残っている振動を**定常振動**（steady-state vibration）といいます。特性方程式は，$P(\lambda) = m\lambda^2 + \gamma\lambda + k = 0$ なので，その解は

$$\lambda = \frac{-\gamma \pm \sqrt{\gamma^2 - 4mk}}{2m}$$

となりますが，m, k はいずれも正ですので，$\gamma > |\sqrt{\gamma^2 - 4mk}|$ となり，λ の実部の符号は負になります。これは，時間が経つと斉次方程式の解が 0 に収束してしまうことを示しています。そのため，定常振動を知るには，x_0 を求めればよいことになります。$\gamma > 0$ ですから

$$P(i\omega) = m(i\omega)^2 + \gamma(i\omega) + k = k - m\omega^2 + i\gamma\omega$$

となり，この値が 0 になることはありません（実部が 0 になるときは虚部が 0 にならず，虚部が 0 になるときは実部が 0 になりません）。定常解は，つぎのように書くことができます。

$$\mathrm{Re}\left(\frac{F_0}{k - m\omega^2 + i\gamma\omega}e^{i\omega t}\right) = F_0\frac{(k - m\omega^2)\cos\omega t + \gamma\omega\sin\omega t}{(k - m\omega^2)^2 + \gamma^2\omega^2}$$

よって，定常振動の角周波数は ω であることがわかります。定常振動の振幅は，つぎのようになります。

$$x_a = \frac{F_0}{\sqrt{(k - m\omega^2)^2 + \gamma^2\omega^2}} = \frac{F_0}{k}\frac{1}{\sqrt{\left(1 - \frac{m\omega^2}{k}\right)^2 + \frac{\gamma^2\omega^2}{k^2}}}$$

$x_s = F_0/k$ は静的な力 F_0 を加えたときの変位にあたります。そうすると，**振幅倍率**（magnification factor），つまり振幅の比は，つぎのようになります。

$$\frac{x_a}{x_s} = \frac{1}{\sqrt{\left(1 - \frac{m\omega^2}{k}\right)^2 + \frac{\gamma^2\omega^2}{k^2}}}$$

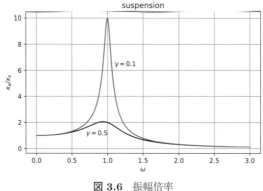

図 3.6 振幅倍率

振幅倍率のグラフを**図 3.6**に示します。$k = m = 1$ と固定して，減衰係数が $\gamma = 0.1$ と $\gamma = 0.5$ の場合を示しました。

　このグラフを描くプログラムを**リスト 3.3**に示します。パラメータ次第で図がかなり変わりますので，m，k，γ などを変えて試してみてください。プログラムの中身は，これまで説明してきたことからわかると思いますが，17 行目と 18 行目の処理は初出です。これらは，テキスト $\gamma = 0.1$，$\gamma = 0.5$ をグラフの中に書く処理です。text メソッドで (ax で指定された座標) にテキストを書き込んでいます。text(x 座標, y 座標, テキスト) のように書くのが基本です。

──────────── **リスト 3.3**（suspension.py）────────────

```python
1  import matplotlib.pyplot as plt
2  import numpy as np
3
4  fig, ax = plt.subplots()
5  ax.set_xlabel(r'$\omega$')
6  ax.set_ylabel(r'$x_a/x_s$')
7  ax.set_title('suspension')
8  ax.grid()
9
10 m = 1; k = 1; gamma = 0.5; gamma2 = 0.1
11
12 omega = np.linspace(0, 3, 400)
13 A = 1/np.sqrt((1-(m/k)*omega**2)**2+gamma**2*omega**2/k**2)
14 B = 1/np.sqrt((1-(m/k)*omega**2)**2+gamma2**2*omega**2/k**2)
15 ax.plot(omega, A)
16 ax.plot(omega, B)
17 ax.text(1.1, 6.3, r'$\gamma=0.1$')
18 ax.text(0.7, 1, r'$\gamma=0.5$')
19 fig.tight_layout()
20 plt.show()
```

───

　振幅倍率の最大値を求めてみましょう。平方根の中の式が最小になればよいので，つぎの $h(\omega)$ を最小化する ω を計算すればよいことになります。

$$h(\omega) = \left(1 - \frac{m\omega^2}{k}\right)^2 + \frac{\gamma^2\omega^2}{k^2}$$

$$h'(\omega) = \frac{2\omega}{k^2}(2m^2\omega^2 - 2mk + \gamma^2)$$

となるので，これが 0 になる ω は

$$\omega = 0, \pm\sqrt{\frac{k}{m} - \frac{\gamma^2}{2m^2}}$$

となります。$h(\omega)$ は，左右対称ですので，負の場合を考える必要はありません。$h(\omega)$ は

$$\omega = \sqrt{\frac{k}{m} - \frac{\gamma^2}{2m^2}} \tag{3.2}$$

で最小値 $\dfrac{\gamma^2}{mk} - \dfrac{\gamma^4}{4m^2k^2}$ を取ることがわかりますが，このとき，振幅倍率が最大になります。振幅倍率の最大値は，つぎのようになります。

$$\frac{1}{\sqrt{\dfrac{\gamma^2}{mk} - \dfrac{\gamma^4}{4m^2k^2}}} = \frac{2mk}{\gamma\sqrt{4mk - \gamma^2}} \tag{3.3}$$

図 3.6 を見るとよくわかるのではないかと思いますが，γ が小さくなるとピークがかなり高くなることがわかります。

3.7.3 振動工学（モード解析）

構造物（建物や機械）の振動を扱う工学領域を **振動工学**（vibration engineering）といいます。機械，土木のエンジニアにとって必須の知識です[†1]。地震に対して建物がどのように振動するか，航空機のような機械がエンジンの振動や風などでどのように振動するかという問題は設計上とても重要です。特に，構造物の **固有振動数**（natural frequency）[†2]を解析することが重要です。この問題について，簡単に説明しましょう。

アンジェ橋（バス・シェーヌ橋）という橋がありました。フランスのアンジェにあるメーヌ川に架かる幅 7.2 m，高さ 5.47 m，長さ 102 m の吊り橋です。この吊り橋は，1850 年 4 月 16 日，兵隊が行進しているときに崩落してしまいました。何と，行進の振動数と橋の固有振動数が共振を起こしたことが原因でした。

このような現象はほかにもあります。例えば，ロケットエンジンの振動数とロケットの固有振動数が近いと，ロケットの破壊につながって大惨事になりかねません。これは航空機などでも起こりうる現象です。固有振動数は微分方程式と深く関わっています。

前項で扱ったサスペンションのモデルを **図 3.7** のように横にすると，建物の横揺れのモデルになります。

[†1] 本項の内容は，田治見[11])を参考にしました。

[†2] 固有周波数のことですが，モード解析では固有振動数という言葉を使います。英語では，natural frequency と表現されています。振動数といえば周波数のことを，固有角振動数といえば，固有角周波数のことを意味します。本項では，これらの言葉を使います。

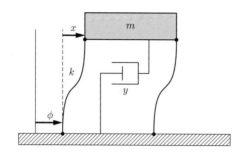

図 **3.7** 揺れる建物

このような構造物は, **せん断形構造物** (shear building) と呼ばれます。この場合, 力の方向が違うだけで, 微分方程式としてはこれまで考えてきたものと同じになります。**地動** (ground motion) を ϕ とすると, つぎのように書けます。

$$m\frac{d^2x}{dt^2} + \gamma\frac{dx}{dt} + kx = -m\frac{d^2\phi}{dt^2} \tag{3.4}$$

地震によって建物がどのように揺れるかは, 地震計で測定した地震波に対する応答を見ればよいことになります。この考え方はサスペンションのときと同じです。

このモデルは多層にすることもできます。2層にした場合 (**図 3.8**) の微分方程式を見てみましょう。

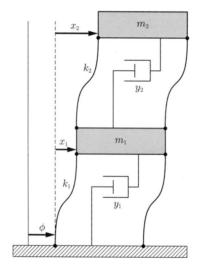

図 **3.8** 揺れる 2 層建物

図 3.8 で想定している 2 層建物が地震波 (地動 ϕ) によってどう変化するかは, つぎのような連立微分方程式を解くことでわかります。

$$\begin{cases} m_1\dfrac{d^2}{dt^2}(x_1 + \phi) + \gamma_1\dfrac{dx_1}{dt} + k_1x_1 - \gamma_2\dfrac{d}{dt}(x_2 - x_1) - k_2(x_2 - x_1) = 0 \\[2mm] m_2\dfrac{d^2}{dt^2}(x_2 + \phi) + \gamma_2\dfrac{d}{dt}(x_2 - x_1) + k_2(x_2 - x_1) = 0 \end{cases} \tag{3.5}$$

振動工学では, 式 (3.5) をつぎのように整理して表現します。

$$m_1 \frac{d^2 x_1}{dt^2} + \gamma_{11} \frac{dx_1}{dt} + \gamma_{12} \frac{dx_2}{dt} + k_{11} x_1 + k_{12} x_2 = -m_1 \frac{d^2 \phi}{dt^2}$$

$$m_2 \frac{d^2 x_2}{dt^2} + \gamma_{21} \frac{dx_1}{dt} + \gamma_{22} \frac{dx_2}{dt} + k_{21} x_1 + k_{22} x_2 = -m_2 \frac{d^2 \phi}{dt^2}$$

ここで，$\gamma_{11} = \gamma_1 + \gamma_2$，$\gamma_{12} = -\gamma_2$，$\gamma_{21} = -\gamma_2$，$\gamma_{22} = \gamma_2$，$k_{11} = k_1 + k_2$，$k_{12} = -k_2$，$k_{21} = -k_2$，$k_{22} = k_2$ としています。ここで，以下の行列を導入します。

$$M = \begin{pmatrix} m_1 & 0 \\ 0 & m_2 \end{pmatrix}, \quad \Gamma = \begin{pmatrix} \gamma_{11} & \gamma_{12} \\ \gamma_{21} & \gamma_{22} \end{pmatrix}, \quad K = \begin{pmatrix} k_{11} & k_{12} \\ k_{21} & k_{22} \end{pmatrix}$$

これらの行列には名前がついていて，M を**質量行列**（mass matrix），Γ を**減衰行列**（damping matirx），K を**剛性行列**（stiffness matrix）といいます。これらの行列と

$$\boldsymbol{x} = \begin{pmatrix} x_1 \\ x_2 \end{pmatrix}, \quad \boldsymbol{u} = \begin{pmatrix} 1 \\ 1 \end{pmatrix}$$

を使えば，解きたい連立微分方程式は，つぎのように表すことができます†。

$$M \frac{d^2 \boldsymbol{x}}{dt^2} + \Gamma \frac{d\boldsymbol{x}}{dt} + K\boldsymbol{x} = -M \frac{d^2 \phi}{dt^2} \boldsymbol{u} \tag{3.6}$$

式 (3.6) は，係数が行列に，変位がベクトルになってはいますが，式 (3.4) と同じ形をしています。建物の階数が増えると行列の次数も上がりますが，形は同じになります。M，Γ，K はいずれも実対称行列になっています。

　ここで，振動工学の作法に従って，$\Gamma = O$（摩擦なし）で地動もない場合（斉次方程式）を考えましょう。このときの振動に対する応答は，**自由振動特性**（free vibration characteristic）と呼ばれます。このとき，式 (3.4) は

$$M \frac{d^2 \boldsymbol{x}}{dt^2} + K\boldsymbol{x} = \boldsymbol{0} \tag{3.7}$$

となります。式 (3.7) は単振動の方程式の一般化になっています。ここで

$$\boldsymbol{x} = e^{i\omega t} \boldsymbol{X}$$

という形の振動解を考えます。$\boldsymbol{X}$ は定数ベクトルです。式 (3.7) に代入して，$e^{i\omega t}$ で割ると

$$(-\omega^2 M + K)\boldsymbol{X} = \boldsymbol{0} \tag{3.8}$$

となることがわかります。M は逆行列を持つので，式 (3.8) は ω^2 が，$M^{-1}K$ の固有値になっていることを意味します。

　K が正定値であれば，ω は実数になることに注意しましょう。これはつぎのようにして確か

---

† 振動工学では，別の記号を使って表現しています。例えば，質量行列などは $[M]$，$\boldsymbol{u} = \{1\}$ のように表現しますが，本書では数学の記号で表現しています。振動工学の教科書を読むときは，その分野の慣習にならうべきだと思います。

めることができます。まず，つぎのような行列 U を考えます。

$$U = \begin{pmatrix} \sqrt{m_1} & 0 \\ 0 & \sqrt{m_2} \end{pmatrix}$$

$M = U^T U$（M は対角行列ですので，この変形はいささか大げさですが，これは M のコレスキー分解になっています）となりますので，$K' = (U^{-1})^T K U^{-1}$ とすれば，つぎのようになることがわかります。

$$\begin{aligned}
\det(\omega^2 I - K') &= \det(\omega^2 I - (U^{-1})^T K U^{-1}) \\
&= \det(\omega^2 U U^{-1} - (U^{-1})^T K U^{-1}) \\
&= \det(\omega^2 U - (U^{-1})^T K)\det(U^{-1}) \\
&= \det(\omega^2 U^{-1} U - U^{-1}(U^T)^{-1} K) \\
&= \det(\omega^2 I - (U^T U)^{-1} K) \\
&= \det(\omega^2 I - M^{-1} K)
\end{aligned}$$

K' は実対称行列ですから，その固有値はすべて実数であり，固有ベクトル $\boldsymbol{v}_1$, $\boldsymbol{v}_2$ は直交します。そこで，固有値を ω_1^2, ω_2^2（K が正定値なら K' も正定値なのでこれらは実数になります。以下，$\omega_1 > 0$, $\omega_2 > 0$ とします），$\boldsymbol{X}_j = U^{-1}\boldsymbol{v}_j$ $(j=1,2)$（ただし $\boldsymbol{X}_j$ は単位ベクトルになるように規格化しておきます）とおけば

$$K\boldsymbol{X}_j = \omega_j^2 M \boldsymbol{X}_j \quad (j=1,2) \tag{3.9}$$

となります。2次元ベクトルの標準内積を $(\cdot,\cdot)$ として，新たな内積

$$\langle \boldsymbol{a}, \boldsymbol{b} \rangle = (M\boldsymbol{a}, \boldsymbol{b}) = (U\boldsymbol{a}, U\boldsymbol{b})$$

を導入すると，$\langle \boldsymbol{X}_1, \boldsymbol{X}_2 \rangle = \delta_{ij}$ となります（直交性）。ここで

$$\boldsymbol{x} = q_1 \boldsymbol{X}_1 + q_2 \boldsymbol{X}_2$$
$$\boldsymbol{u} = \beta_1 \boldsymbol{X}_1 + \beta_2 \boldsymbol{X}_2$$

のようにベクトルを直交分解します。式 (3.6) の左辺にこの関係式を代入し，式 (3.9) を使って整理すれば

$$\begin{aligned}
M\frac{d^2\boldsymbol{x}}{dt^2} &+ \Gamma\frac{d\boldsymbol{x}}{dt} + K\boldsymbol{x} + M\frac{d^2\phi}{dt^2}\boldsymbol{u} \\
&= M(q_1''\boldsymbol{X}_1 + q_2''\boldsymbol{X}_2) + \Gamma(q_1'\boldsymbol{X}_1 + q_2'\boldsymbol{X}_2) \\
&\quad + K(q_1\boldsymbol{X}_1 + q_2\boldsymbol{X}_2) + \phi'' M(\beta_1\boldsymbol{X}_1 + \beta_2\boldsymbol{X}_2) \\
&= (q_1'' + \omega_1^2 q_1)M\boldsymbol{X}_1 + (q_2'' + \omega_1^2 q_2)M\boldsymbol{X}_1 \\
&\quad + q_1'\Gamma\boldsymbol{X}_1 + q_2'\Gamma\boldsymbol{X}_2 + K(q_1\boldsymbol{X}_1 + q_2\boldsymbol{X}_2) + \phi'' M(\beta_1\boldsymbol{X}_1 + \beta_2\boldsymbol{X}_2)
\end{aligned}$$

$$= \{(q_1'' + \omega_1^2 q_1 + \beta_1 \phi'')M + q_1 K + q_1' \Gamma\}\boldsymbol{X}_1$$
$$+ \{(q_2'' + \omega_1^2 q_2 + \beta_1 \phi'')M + q_2 K + q_2' \Gamma\}\boldsymbol{X}_2$$

となります。2, 3行目から4, 5行目を導く際に，式 (3.9) を利用しました。

ここで，この関係式の両辺において，$\boldsymbol{X}_1, \boldsymbol{X}_2$ との内積 $(\cdot, \cdot)$ を取ります。$(K\boldsymbol{X}_1, \boldsymbol{X}_2) = \omega_1^2(M\boldsymbol{X}_1, \boldsymbol{X}_2) = \omega_1^2\langle\boldsymbol{X}_1, \boldsymbol{X}_2\rangle = 0$, $(K\boldsymbol{X}_2, \boldsymbol{X}_1) = \omega_2^2(M\boldsymbol{X}_2, \boldsymbol{X}_1) = \omega_2^2\langle\boldsymbol{X}_2, \boldsymbol{X}_1\rangle = 0$ となり，さらに，減衰項に対応する内積は小さいという仮定，すなわち，$(\Gamma\boldsymbol{X}_1, \boldsymbol{X}_2) \approx 0$, $(\Gamma\boldsymbol{X}_2, \boldsymbol{X}_1) \approx 0$ をおきましょう。以上より

$$q_1'' + \omega_1^2 q_1 + \beta_1 \phi'' + q_1'(\Gamma\boldsymbol{X}_1, \boldsymbol{X}_1) = 0$$
$$q_2'' + \omega_2^2 q_2 + \beta_2 \phi'' + q_2'(\Gamma\boldsymbol{X}_2, \boldsymbol{X}_2) = 0$$

が得られます。$2h_j\omega_j = (\Gamma\boldsymbol{X}_j, \boldsymbol{X}_j)$ $(j = 1, 2)$ とすれば

$$q_j'' + 2h_j\omega_j q_j' + \omega_j^2 q_j = -\beta_j \phi'' \quad (j = 1, 2) \tag{3.10}$$

となります。特性方程式の実部の符号は負なので，地動として，$\phi'' = \alpha e^{i(\omega t + \theta)}$ とした場合の定常解は

$$q_j = -\frac{\alpha}{\omega_j^2}\frac{\beta_j e^{i(\omega t + \theta)}}{1 - \left(\dfrac{\omega}{\omega_j}\right)^2 + 2ih_j\dfrac{\omega}{\omega_j}} = \alpha\beta_j R_j(i\omega)e^{i(\omega t + \theta)} \quad (j = 1, 2)$$

となります（この等式によって R_j $(j = 1, 2)$ を定義しています）。よって，変位の応答は，つぎのように表すことができます。

$$\boldsymbol{x} = q_1\boldsymbol{X}_1 + q_2\boldsymbol{X}_2 = \alpha e^{i(\omega t + \theta)}\{\beta_1 R_1(i\omega)\boldsymbol{X}_1 + \beta_2 R_2(i\omega)\boldsymbol{X}_2\}$$

例えば

$$\beta_1 = \beta_2 = 1,$$
$$\boldsymbol{X}_1 = \frac{1}{\sqrt{2}}\begin{pmatrix} 1 \\ 1 \end{pmatrix}, \quad \boldsymbol{X}_2 = \frac{1}{\sqrt{2}}\begin{pmatrix} 1 \\ -1 \end{pmatrix}$$

のときは

$$\frac{1}{\alpha}\begin{pmatrix} x_1 \\ x_2 \end{pmatrix} = \frac{e^{i(\omega t + \theta)}}{\sqrt{2}}\begin{pmatrix} R_1(i\omega) + R_2(i\omega) \\ R_1(i\omega) - R_2(i\omega) \end{pmatrix}$$

となりますので

$$\left|\frac{x_1}{\alpha}\right| = \frac{1}{\sqrt{2}}|R_1(i\omega) + R_2(i\omega)|$$

$$\left|\frac{x_2}{\alpha}\right| = \frac{1}{\sqrt{2}}|R_1(i\omega) - R_2(i\omega)|$$

となります。左辺は**振幅応答**（response displacement）と呼ばれます[†]。

　振幅応答がどのような形状になるかを見てみましょう。**リスト 3.4** のプログラムは，$h_1 = h_2 = 0.1$，$\omega_1 = 2$，$\omega_2 = 6$ とした場合の振幅応答 $|x_1/\alpha|$，$|x_2/\alpha|$ を計算してグラフ（**図 3.9**）を描くものです。

──────────── リスト **3.4**（modal.py）────────────

```python
import matplotlib.pyplot as plt
import numpy as np

def RePart(omega, omega_j, h_j):
    nume = 1 - (omega/omega_j)**2
    denom = (omega_j**2)*(nume**2 + 4*(h_j**2)*(omega/omega_j)**2)
    return nume/denom

def ImPart(omega, omega_j, h_j):
    nume = 2*h_j*(omega/omega_j)
    denom = (omega_j**2)*((1 - (omega/omega_j)**2)**2 + nume**2)
    return nume/denom

def absol1(omega, omega1, omega2, h1, h2):
    R = RePart(omega, omega1, h1) + RePart(omega, omega2, h2)
    I = ImPart(omega, omega1, h1) + ImPart(omega, omega2, h2)
    return np.sqrt(R**2 + I**2)/np.sqrt(2)

def absol2(omega, omega1, omega2, h1, h2):
    R = RePart(omega, omega1, h1) - RePart(omega, omega2, h2)
    I = ImPart(omega, omega1, h1) - ImPart(omega, omega2, h2)
    return np.sqrt(R**2 + I**2)/np.sqrt(2)

fig, ax = plt.subplots()

ax.set_xlabel(r'$\omega$')
ax.set_ylabel('response displacement')
ax.set_title('Resonant Frequencies of a two-story building')
ax.grid()

omega1 = 2; h1 = 0.1; omega2 = 6; h2 = 0.1
omega = np.linspace(0, 10, 400)
amp1 = absol1(omega, omega1, omega2, h1, h2)
amp2 = absol2(omega, omega1, omega2, h1, h2)
ax.plot(omega, amp1, color="black", label="|x1|")
ax.plot(omega, amp2, color="black", linestyle="dotted", label="|x2|")
ax.legend()
fig.tight_layout()
plt.show()
```

──

[†] 振動工学では，加速度応答を調べることが多いのですが，ここではサスペンションからの説明の流れに沿って振幅応答としました。

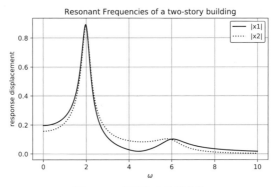

図 3.9 2 層建物の振幅応答

図 3.9 を見てわかることは，$\omega_1 = 2$，$\omega_2 = 6$ のあたりで振幅が大きくなるということです。つまり，自由振動特性を調べておくことで，建物が大きく振動する周波数がわかることになるのです。これは（一般化）固有値と固有ベクトルを求める問題です。固有値が周波数（の二乗）に対応し，固有ベクトル X_1，X_2 は構造物がどう振動するか，振動の仕方（形状）に対応します。固有ベクトルを振動工学では，**固有振動モード**（natural vibration mode）といいます[†1]。日本地震学会の資料[12]によると，固有周期〔秒〕は

$$0.02 \times 建物の高さ（S 造）〔m〕，\quad 0.015 \times 建物の高さ（SRC 造，RC 造）〔m〕$$

であることが知られています[†2]。ここで，S 造は鉄骨（steel）造，SRC 造は鉄骨鉄筋コンクリート（steel reinforced concrete）造，RC 造は鉄筋コンクリート（reinforced concrete）造のことを意味します。横浜ランドマークタワーは高さ 296 m の鉄骨造ですので，揺れの周期は，6 秒程度と概算できます。これは，周波数に直すと，約 0.17 Hz になります。

このようにして，固有値解析を経由して，図 3.8 のような構造物（機械や建物）の**振動応答**（vibration response）を求める手法がいわゆる**モード解析**（modal analysis）と呼ばれる手法です。建物が振動で破損したり，アンジェ橋の事故のようなことが起きないようにするために，あらかじめ危険な周波数を割り出し，振動が大きい部分を補強するなどの対策を施しておくのです。

ここでは 2 階建の建物を考えましたが，高階の建物であれば，階数分だけモードが出てくるはずです。さらに細かく分割すれば，滑らかな棒の振動のように考えることができます。横にもつないでいけば，立体的な構造物をよりリアルに表現できるでしょう。つまり，構造物を細かく単純な図形に分割し，その単純な図形それぞれに対する応力や変形を求め，質量行列や剛性行列，減衰行列のサイズを大きくして自由振動特性を求めれば，より正確な振動解析ができることになります。これは**有限要素法**（finite element method：FEM）と呼ばれる方法で，さ

[†1] 周波数の小さいほうから，1 次モード，2 次モードなどと呼ばれますが，橋梁などでは，曲げのほかにねじれもあり，ねじれが見かけ上，上下動に加算されるため，固有振動モードと固有値の大きさとの関係は単純ではありません。

[†2] 別の推定式も知られていますが，比例定数の値は 0.015〜0.03 の間になります。

まざまな工学的計算に使われています。振動の問題が微分方程式を経由して行列の固有値問題に帰着するところが面白いです。

3.7.4 電 気 回 路

微分方程式の応用として，力学と並んで重要なのが電気回路です[†]。電気回路における微分方程式の役割は，大きく分けて2つあります。1つは，十分時間が経ったときの回路の振舞い（定常状態）を調べることです。もう1つは，1つの定常状態から別の定常状態に移る際の回路の振舞い，例えばスイッチを入れて回路の状態がどう変わるか，その時間的変化を調べることです。後者は**過渡現象**（transient phenomena）と呼ばれています。

〔1〕 **CR 回 路**   まずは充電の話から始めましょう。**図 3.10**のような回路を考えましょう。コンデンサと抵抗を直列につないだ CR 直列回路です。

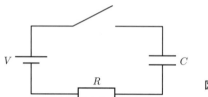

図 3.10 CR 直列回路

コンデンサは，電荷 Q を蓄えておく素子です。コンデンサの静電容量を C，電圧を V とすると，$Q = CV$ の関係があります。電気回路で微分方程式を立てる際には，電流が時間当りの電荷の変化に等しいという関係式

$$I = \frac{dQ}{dt}$$

を使います。抵抗に関しては，オームの法則 $V = RI$ が成り立つことはご存知でしょう。図 3.10 は直列回路ですから，抵抗の両端の電圧とコンデンサの両端の電圧の合計は，V に一致しないといけません。これを式で書くと

$$RI + \frac{Q}{C} = V$$

という関係が成り立ちます。$I = \frac{dQ}{dt}$ を代入すれば

$$R\frac{dQ}{dt} + \frac{Q}{C} = V$$

が成り立ちます。後で電源を交流にすることを考え，1階線形方程式とみなして，次式を解きましょう。

[†] トランジスタやダイオードのような非線形素子を含まない回路（線形抵抗，コイル，コンデンサで構成される回路）は電気回路と呼ばれることが多く，非線形素子を含む回路は電子回路と呼ばれることが多いようです。数式で表現しやすいのは線形回路で，いわゆる「強電」の話は，三相交流回路や分布定数回路を含め，大体は数式できれいに書けることが多いでしょう。

$$\frac{dQ}{dt} + \frac{Q}{CR} = \frac{V}{R}$$

この両辺に $e^{\frac{t}{CR}}$ を掛けて整理すると，つぎのようになります。

$$e^{\frac{t}{CR}}\frac{dQ}{dt} + \frac{e^{\frac{t}{CR}}}{CR}Q = \frac{V}{R}e^{\frac{t}{CR}}$$

左辺は $(e^{\frac{t}{CR}}Q)'$ ですから，両辺を積分して

$$e^{\frac{t}{CR}}Q = \int \frac{V}{R}e^{\frac{t}{CR}}dt$$

となり，いまは直流電源を考えているので，V は一定です。よって，積分定数を K とすると

$$e^{\frac{t}{CR}}Q = \frac{V}{R}\left(CRe^{\frac{t}{CR}} + K\right)$$

となります。時刻 $t=0$ でコンデンサがまったく充電されていなかったとすると，$K = -CR$ となり

$$Q(t) = CV(1 - e^{-\frac{t}{CR}})$$

が得られます。これはコンデンサを充電したときの電荷の時間変化を表しています。電流が知りたければ，この式を微分すればよいので

$$I(t) = \frac{V}{R}e^{-\frac{t}{CR}}$$

となります。CR は，充電（または放電）にかかる時間の目安を与えるもので，**時定数**（time constant）と呼ばれます。

図 3.11 のように，電源を電圧が $V(t) = V_0 \sin\omega t$ となる各周波数 ω の交流電源としてみましょう。$V(t)$ が定数のときと同じように $e^{\frac{t}{CR}}Q$ を $V(t)$ の積分で表すとつぎのようになります。

$$e^{\frac{t}{CR}}Q = \int \frac{V(t)}{R}e^{\frac{t}{CR}}dt = \frac{V_0}{R}\int e^{\frac{t}{CR}}\sin\omega t dt$$

$$= \frac{V_0}{R}\mathrm{Im}\int e^{\left(\frac{1}{CR}+i\omega\right)t}dt = \frac{V_0}{R}\mathrm{Im}\left(\frac{e^{\left(\frac{1}{CR}+i\omega\right)t}}{\frac{1}{CR}+i\omega}\right) + K$$

$$= \frac{V_0}{R}\cdot\frac{e^{\frac{t}{CR}}}{\left(\frac{1}{CR}\right)^2+\omega^2}\left(\frac{1}{CR}\sin\omega t - \omega\cos\omega t\right) + K$$

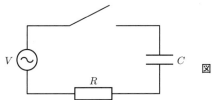

図 3.11 CR 回路
（交流電源に接続）

よって，電荷の変化は，つぎのようになります。

$$Q(t) = \frac{V_0}{R} \cdot \frac{1}{\left(\dfrac{1}{CR}\right)^2 + \omega^2} \left(\frac{1}{CR}\sin\omega t - \omega\cos\omega t\right) + Ke^{-\frac{t}{CR}}$$

十分時間が経てば，第2項は0に収束するので，電荷の変化は

$$Q(t) = \frac{V_0}{R} \cdot \frac{1}{\left(\dfrac{1}{CR}\right)^2 + \omega^2} \left(\frac{1}{CR}\sin\omega t - \omega\cos\omega t\right)$$

となり，振幅が

$$\frac{V_0}{R} \cdot \frac{1}{\sqrt{\left(\dfrac{1}{CR}\right)^2 + \omega^2}}$$

であるような正弦波になることがわかります。コンデンサの両端の電圧 V_C は，$V_C = Q/C$ で表されるので，$V_C = V_C(t)$ の振幅は，つぎのように書くことができます。

$$\frac{V_0}{CR} \cdot \frac{1}{\sqrt{\left(\dfrac{1}{CR}\right)^2 + \omega^2}} = \frac{V_0}{\sqrt{1 + (\omega CR)^2}}$$

つまり，入力電圧（の振幅）V_0 に対して，それが角周波数 ω を持つならば

$$\frac{1}{\sqrt{1 + (\omega CR)^2}}$$

倍されることになるわけです。

　CR回路の特性をよく見てみると，高い周波数に対する振幅は小さくなっていくことがわかります。これを利用すると，多数の周波数を含む信号に対して，高い周波数を抑え，低い周波数を残すように作用することになります。サスペンションのときに，外力が複数の振動成分を持っている場合を考えましたが，ここでも同じようにしてみましょう。つまり，多数の振動成分からなる信号が

$$V(t) = \sum_{n=1}^{N} V_n \sin\omega_n t$$

のようになっていたとすると，ω_n が大きいところはCR回路によって小さくなります。その結果，高い周波数がカット（逓減）され，低い周波数だけ通すことになるので，**ローパスフィルタ**（low-pass filter）と呼ばれます。$\omega_c CR = 1$ となる各周波数 ω_c〔rad/s〕に対応する周波数 $f_c = \dfrac{\omega_c}{2\pi} = \dfrac{1}{2\pi CR}$〔Hz〕は，**遮断周波数**（cutoff frequency）と呼ばれます。遮断周波数よりも低い周波数帯域を**通過帯域**（pass band），高い周波数帯域を**阻止帯域**（rejection band）といいます。ノイズは一般に高周波なので，ローパスフィルタを使うことで信号のノイズを減らすことができるのです。

　説明だけだと実感が湧かないかもしれないので，波形がどのようになるか試してみましょう。

リスト **3.5** のプログラムは，22 行目で与えられた（角）周波数のリスト $\text{freq} = [\omega_1, \omega_2, \cdots, \omega_n]$ に対し

$$x(t) = \sum_{k=1}^{n} \frac{1}{1+\omega_k} \sin \omega_k t$$

という信号を生成し，CR 回路によるローパスフィルタに通して得られる信号

$$\tilde{x}(t) = \sum_{k=1}^{n} \frac{1}{\sqrt{1+(\omega_k CR)^2}} \frac{1}{1+\omega_k} \sin \omega_k t$$

を生成し，両者を重ね描きするものです。$\tau = CR$ の値は適当に指定しておきます。フーリエ解析の技術（高速フーリエ変換：FFT）を使うとエレガントにできますが，ここでは素朴な方法でやっています[†]。実行すると，**図 3.12** が描かれます。

──────── リスト **3.5**（LPfilter.py）────────

```
1  import matplotlib.pyplot as plt
2  import numpy as np
3
4  def wave(freq, t):
5      s = 0
6      for omega in freq:
7          s += np.sin(omega*t)/(1+omega)
8      return s
9
10 def LPwave(freq, tau, t):
11     s = 0
12     for omega in freq:
13         s += np.sin(omega*t)/(1+omega)/np.sqrt(1+(tau*omega)**2)
14     return s
15
16 fig, ax = plt.subplots()
17 ax.set_xlabel('time')
18 ax.set_ylabel('amplitude')
19 ax.set_title('Lowpass Filter')
20 ax.grid()
21
22 freq = [1, 5, 10, 50, 100]
23 t = np.linspace(0, 10, 1000)
24 wave_org = wave(freq, t)
25 tau = 0.5 # tau = CR
26 wave_filtered = LPwave(freq, tau, t)
27
28 ax.plot(t, wave_org, label="signal", color="black")
29 ax.plot(t, wave_filtered, label="filtered signal", linestyle="dotted", color=
   "black")
30 ax.legend()
31 fig.tight_layout()
32 plt.show()
```

────────

[†] フーリエ解析については，神永[10] を参照いただければ幸いです。

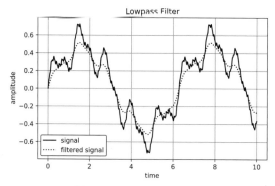

図 3.12　ローパスフィルタ

図 3.12 の実線がもとの信号で，点線がフィルタを通した後の信号です。信号波形が滑らかになっていることがわかります。これは高周波成分を減らした効果です。使っている周波数帯を超える高周波成分はノイズと考えられますから，このようなフィルタを使ってノイズを低減することができるのです。

〔2〕　**直列共振回路**　　今度は**図 3.13** のような抵抗とコンデンサ，コイルからなる回路を考えましょう。このような回路は，直列共振回路と呼ばれています。LRC 直列回路と呼ばれることもあります。LRC は順番を入れ替え，LCR のようになる場合もあります。交流電源の電圧は，$V(t) = V_0 \sin \omega t$ のように変化するものとします。電線に電気を流すとコイルに電流が流れ，磁界が発生します。また，磁界が変化すると電流が流れ，電位差を生じます。

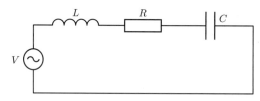

図 3.13　直列共振回路

コイルの両端の電圧は，電流の時間変化率に比例し

$$V_L = L\frac{dI}{dt}$$

に従って変化することがわかっており，定数 L は**自己インダクタンス**（self inductance）と呼ばれています。抵抗の両端の電圧を V_R，コンデンサの両端の電圧を V_C，電荷を Q とすると，直列接続ですから，$V_L + V_R + V_C = V = V_0 \sin \omega t$ が成り立ちます。つまり

$$L\frac{dI}{dt} + RI + \frac{Q}{C} = V = V_0 \sin \omega t \tag{3.11}$$

が成立します。両辺を t で微分し，$I = \dfrac{dQ}{dt}$ を代入すると

$$L\frac{d^2 I}{dt^2} + R\frac{dI}{dt} + \frac{1}{C}I = \omega V_0 \cos \omega t \tag{3.12}$$

となり，式 (3.12) の特性方程式は，$P(\lambda) = L\lambda^2 + R\lambda + 1/C = 0$ ですから，その解は

$$\lambda = \frac{-R \pm \sqrt{R^2 - 4L/C}}{2L}$$

となります。$R > |\sqrt{R^2 - 4L/C}|$ ですから，λ の実部の符号は負になります。よって斉次方程式の解は，時間が経てば 0 に収束してしまいます。十分時間が経ったときの電流の変化はどうなるでしょうか。

$$P(i\omega) = L(i\omega)^2 + Ri\omega + \frac{1}{C} = -L\omega^2 + iR\omega + \frac{1}{C} \neq 0$$

ですので，時間が経過したときに残る正弦波の振幅はつぎのようになります。

$$\frac{\omega V_0}{\sqrt{\left(\dfrac{1}{C} - L\omega^2\right)^2 + R^2\omega^2}} = \frac{V_0}{\sqrt{\left(\dfrac{1}{\omega C} - L\omega\right)^2 + R^2}}$$

グラフは，図 3.14 のようになり，このグラフを描くプログラムをリスト 3.6 に示します。

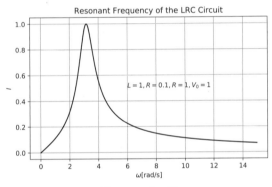

図 3.14 共 振

──────── リスト 3.6 (resonantfreq.py) ────────

```
 1 import matplotlib.pyplot as plt
 2 import numpy as np
 3
 4 fig, ax = plt.subplots()
 5
 6 ax.set_xlabel(r'$\omega$[rad/s]')
 7 ax.set_ylabel(r'$I$')
 8 ax.set_title('Resonant Frequency of the LRC Circuit')
 9 ax.grid()
10 L = 1; C = 0.1; R = 1; V0 = 1
11 omega = np.linspace(0, 15, 400)
12 V = V0*omega/np.sqrt((1/C-L*omega**2)**2 + (R**2)*omega**2)
13 ax.plot(omega, V)
14 fig.tight_layout()
15 ax.text(6, 0.5, r'$L = 1, R = 0.1, R = 1, V_0=1$')
16 plt.show()
```

十分時間が経ったときの正弦波の振幅を最大にする ω は，分母において

$$\frac{1}{\omega C} - L\omega = 0$$

となるところですから，この等式を満たす ω を ω_c で表したとき，対応する周波数

$$f_c = \frac{\omega_c}{2\pi} = \frac{1}{2\pi\sqrt{LC}}$$

を**共振周波数**（resonance frequency）といいます．電流の最大値は，V_0/R です．

3.7.5 インピーダンス

直列共振回路を素材にして，電気回路のインピーダンスについて触れておきます[†]．LRC 直列回路において，おもに興味があるのは，定常解の挙動でした．これらの回路では，特性方程式の解の実部が負であり，斉次方程式の解 $w(t)$ は，$t \to \infty$ の極限で 0 に収束してしまいますので，定常解は非斉次方程式の解と一致します．

まず，直列共振回路の回路方程式 (3.11) をもう一度見てみます．先ほどは式 (3.11) を微分して考えましたが，ここでは，微分せずに考えます．

$$L\frac{dI}{dt} + RI + \frac{Q}{C} = V = V_0 \sin\omega t$$

定常解を考えるときには，時間微分が $i\omega$ を掛ける操作になっていますから

$$L\frac{dI}{dt} \to i\omega L I$$

$$RI \to RI$$

$$\frac{Q}{C} \to \frac{1}{i\omega C} I$$

と対応させれば（電気工学では，i は j と書きますが，ここでは数学の習慣に従っています）

$$L\frac{dI}{dt} + RI + \frac{Q}{C} \to \left(i\omega L + R + \frac{1}{i\omega C} \right) I = V$$

のようになります．ここで，つぎの式が現れます．

$$\left(i\omega L + R + \frac{1}{i\omega C} \right) I = V \tag{3.13}$$

式 (3.13) において

$$\dot{Z} = iL\omega + R + \frac{1}{i\omega C} = R + i\left(\omega L - \frac{1}{\omega C} \right)$$

[†] 本項の内容は，おもに，鍛治・岡田[13]に基づきます．

とおけば $\dot{Z}I = V$ となり，$\dot{Z}$ を抵抗とみなせばオームの法則と同じ形の式になります。$\dot{Z}$ を**インピーダンス**（impedance）と呼びます[†]。複素抵抗と思えば把握しやすいでしょう。国際単位系（SI）では，インピーダンスの単位は，抵抗と同じく Ω です。$V = V_0 e^{i\omega t}$ とすれば

$$I = \frac{V_0 e^{i\omega t}}{R + i\left(\omega L - \dfrac{1}{\omega C}\right)} \tag{3.14}$$

が得られます。式 (3.14) の絶対値を取ると

$$|I| = \frac{V_0}{\sqrt{R^2 + \left(\omega L - \dfrac{1}{\omega C}\right)^2}}$$

となり，これは定常解の振幅に対応しています。位相（角度）のずれ（位相差）ϕ は

$$\phi = \tan^{-1} \frac{\omega L - \dfrac{1}{\omega C}}{R}$$

となります。なるほど，定常解にだけ興味があるなら，これでよいわけです。

応用として，**図 3.15** のような並列共振回路に対応する定常解の振幅を計算してみることにしましょう。両端に各周波数 ω の交流電源がつながっていると思ってください。

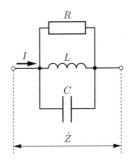

図 3.15　LRC 並列共振回路 (1)

この回路のインピーダンスを $\dot{Z}$ とすると，並列接続の合成抵抗の公式と同じように

$$\frac{1}{\dot{Z}} = \frac{1}{R} + \frac{1}{i\omega L} + i\omega C \tag{3.15}$$

と表すことができます。式 (3.15) を整理して

$$\dot{Z} = \frac{1}{\dfrac{1}{R} + \dfrac{1}{i\omega L} + i\omega C} \tag{3.16}$$

が得られます。式 (3.16) の絶対値が定常解の振幅を V_0 で割ったものになります。つまり

$$|\dot{Z}| = \frac{1}{\sqrt{\dfrac{1}{R^2} + \left(\omega C - \dfrac{1}{\omega L}\right)^2}}$$

[†]　電気工学では，上にドットを打つことが多いので，ここでもそれにならいました。

ということになります。

　これは便利です。電気のエンジニアがインピーダンスを基礎と考えるのも自然なことです。並列共振回路では，各素子に流れる電流が変化しますので，電流の振幅を見ることになります。電流は，インピーダンスの逆数に比例するので，$1/|\dot{Z}|$ が最小になるときに最小になります。電流の振幅を最小にするのは

$$\omega = \frac{1}{\sqrt{LC}}$$

であることがわかります。

補足 3.1　　これまで見てきたように，微分方程式 $P(D)x = 0$ で表現される物理系（サスペンション，建物，電気回路など）に外から角周波数 ω の信号（振動）f（力，電流など）を加えた場合（$P(D)x = f$）に，その応答は

$$H(s) = \frac{1}{P(s)} \tag{3.17}$$

の $i\omega$ における値（または，極の性質）で決まります。つまり，式 (3.17) は，信号をこの物理系に入力したとき，どのように信号が伝達されるかを表していることになるわけです。式 (3.17) は，**制御理論**（control theory）において，**伝達関数**（transfer function）と呼ばれています。

——————— **章 末 問 題** ———————

問題 3-42　（**数学**）　$x'' - 2x = 0$ を解いてください。

問題 3-43　（**数学**）　$x'' + x' - 2x = 0$ を解いてください。

問題 3-44　（**数学**）　$x''' + 6x'' + 11x' + 6 = 0$ を解いてください。

問題 3-45　（**数学**）　$x'' + x' = 0$ を解いてください。

問題 3-46　（**数学**）　$x'''' + 5x'' + 6x = 0$ を解いてください。

問題 3-47　（**数学**）　$x''' + 3x'' + 3x' + x = 0$ を解いてください。

問題 3-48　（**数学**）　$x'' + 7x' + 10x = 0$ を解いてください。

問題 3-49　（**数学**）　$x'' + x' + x = 0$ を解いてください。

問題 3-50　（**数学**）　$x'' + ax' + x = 0$ を解いてください。ただし，a は実数の定数です。解は，a の値で場合分けしてください。

問題 3-51　（**数学**）　$x'''' - x = 0$ を解いてください。

問題 3-52 （**数学**）　$x'''' + 7x''' + 17x'' + 17x' + 6x = 0$ を解いてください。

問題 3-53 （**数学**）　$x'''' + 6x''' + 13x'' + 12x' + 4x = 0$ を解いてください。

問題 3-54 （**数学**）　$x'' + 4x' + 5x = e^{-2t}$ を解いてください。

問題 3-55 （**数学**）　$x''' + 3x'' + 3x' + x = e^{2t}$ を解いてください。

問題 3-56 （**数学**）　テイラー展開を利用して $P(x) = x^3$ を $x - 2$ の多項式で表してください。

問題 3-57 （**数学**）　$x''' + 3x'' + 3x' + x = e^{-t}$ を解いてください。

問題 3-58 （**数学**）　$x''' + 4x'' + 5x' + 2x = e^{-t}$ を解いてください。

問題 3-59 （**数学**）　$x'' + \omega^2 x = \cos \omega t$ を解いてください。

問題 3-60 （**数学**）　$x'' + x = e^{-t} \sin t$ を解いてください。

問題 3-61 （**数学**）　$x'' + 3x' + 2x = t^2$ を解いてください。

問題 3-62 （**数学**）　周期が 1 秒の振り子時計をつくるには，棒の長さ l は何 cm にすればよいでしょうか。

問題 3-63 （**数学**）　**図 3.16** のような回路（これも並列共振回路と呼ばれます）のインピーダンスと共振周波数を求めてください。

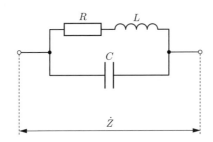

図 3.16 LRC 並列共振回路 (2)

問題 3-64 （**数学**）　$x'' - 5x' + 6x = e^t - e^{2t}$ を解いてください。

問題 3-65 （**数学**）　$x'' + 2x' + 2x = e^t \cos t$ を解いてください。

問題 3-66 （**数学**）　$x'' + 2x' + 2x = e^{-t} \cos t$ を解いてください。

問題 3-67 （**数学**）　$x'' + 2x' - x = t^2$ を解いてください。

問題 3-68 （**数学**）　$x'' + 2x' + 4x = te^{-t}$ を解いてください。

問題 3-69 （**数学**）　$x'' + 2x' + x = te^{-t}$ を解いてください。

問題 3-70 （**数学**）　$x''' + 3x'' + 3x' + x = te^{-t}$ を解いてください。

4 ラプラス変換，Pythonで 厳密解・流れの可視化

3章では定数係数線形方程式について解説しましたが，本章では，もう少し足を延ばして，より一般に適用できる解法としてラプラス変換を解説します。さらに，SymPy という数式処理のライブラリを利用した厳密解の求め方に触れ，連立の線形方程式と，その力学系の局所理論への応用を解説します。

4.1 ラプラス変換

$x(t)$ が，$t \geqq 0$ で定義されているとしましょう。$x(t)$ の**ラプラス変換** (Laplace transform) を

$$\mathcal{L}(x)(s) = X(s) = \int_0^\infty e^{-st} x(t) dt \tag{4.1}$$

で定義します。ここで，$x(t)$ は，適当な定数 $s_0 \geqq 0$ に対し $s > s_0$ で

$$\int_0^\infty e^{-st} |x(t)| dt < \infty$$

を満たすものとします。s_0 は**収束座標** (abscissa of convergence) と呼ばれます。まずは，いくつかの関数のラプラス変換を求めてみましょう。

例 4.1　$x_1(t) = 1$ のラプラス変換は，$s > 0$ としたとき，つぎのようになります。

$$X_1(s) = \int_0^\infty e^{-st} dt = \left[-\frac{1}{s} e^{-st} \right]_0^\infty = \frac{1}{s}$$

例 4.2　$x_2(t) = t$ のラプラス変換は，$s > 0$ としたとき，つぎのようになります。

$$X_2(s) = \int_0^\infty t e^{-st} dt = \left[-\frac{t}{s} e^{-st} \right]_0^\infty + \frac{1}{s} \int_0^\infty e^{-st} dt$$
$$= \frac{1}{s} \left[-\frac{t}{s} e^{-st} \right]_0^\infty = \frac{1}{s^2}$$

例 4.3 $x_3(t) = e^{at}$（a は定数）のラプラス変換は，$s > a$ としたとき，つぎのようになります。

$$X_3(s) = \int_0^\infty e^{(a-s)t}dt = \left[\frac{e^{(a-s)t}}{a-s}\right]_0^\infty$$

$$= \frac{1}{s-a}$$

おもな関数のラプラス変換を表にまとめると，**表 4.1** のようになります。

表 4.1 ラプラス変換表 (1)

式番号	$x(t) = \mathcal{L}^{-1}(X)(t)$	$X(s) = \mathcal{L}(x)(s)$
1	t^n $(n = 0, 1, \cdots)$	$\dfrac{n!}{s^{n+1}}$
2	t^p $(p > -1)$	$\dfrac{(p+1)!}{s^{p+1}}$
3	e^{at}	$\dfrac{1}{s-a}$ $(s > a)$
4	$t^n e^{at}$	$\dfrac{n!}{(s-a)^{n+1}}$ $(s > a)$
5	$\cos at$	$\dfrac{s}{s^2+a^2}$
6	$\sin at$	$\dfrac{a}{s^2+a^2}$
7	$e^{at}\cos bt$	$\dfrac{s-a}{(s-a)^2+b^2}$ $(s > a)$
8	$e^{at}\sin bt$	$\dfrac{a}{(s-a)^2+b^2}$ $(s > a)$

表 4.1 に，$x(t) = \mathcal{L}^{-1}(X)(t)$ とありますが，$\mathcal{L}^{-1}$ は $X(s)$ に $x(t)$ を対応させる変換で，**ラプラス逆変換**（inverse Laplace transform）といいます。

ラプラス変換が便利なのは，$x(t)$ の導関数 $x'(t)$ のラプラス変換が

$$\mathcal{L}(x')(s) = \int_0^\infty e^{-st}x'(t)dt = \left[e^{-st}x(t)\right]_0^\infty + s\int_0^\infty e^{-st}x(t)dt$$

$$= sX(s) - x(0)$$

となるからです。ただし，ここでは，$\lim_{t\to\infty} e^{-st}x(t) = 0$ と仮定しました。この操作を繰り返すことにより

$$\mathcal{L}(x^{(n)})(s) = s^n X(s) - (s^{n-1}x(0) + s^{n-2}x'(0) + \cdots + x^{(n-1)}(0)) \tag{4.2}$$

となります。式 (4.2) を見ると括弧の中の式が邪魔に見えるかもしれませんが，微分方程式の初期値問題を解く際には好都合なのです。式 (4.2) があることによって，微分方程式

$$P(D)x = f$$

の両辺をラプラス変換し，$\mathcal{L}(P(D)x) = P(s)X(s) - P_0(s)$ とおくと

$$P(s)X(s) - P_0(s) = F(s)$$

となるので

$$X(s) = \frac{P_0(s)}{P(s)} + \frac{F(s)}{P(s)} \tag{4.3}$$

が得られ，この両辺を表 4.1 を使ってラプラス逆変換すれば，$x(t)$ が得られることになります。

　ここで，ラプラス変換表を使う，と書きましたが，一般には，複素積分を使ったラプラス逆変換の公式を使うことになります。本書では扱わないので省略しますが，詳しく知りたい方は，例えば，足立[14] 等をご参照ください。つぎのようなラプラス逆変換の公式を使うこともできます。ただし，ラプラス逆変換の計算を行うには，複素関数論の知識が必要になります。本書では使いませんが，参考までに記しておきます。

定理 4.1　$f(t)$ が $t \geqq 0$ で区分的に連続で，それぞれの連続区間内では滑らかで，ある γ に対して，$\displaystyle\int_0^\infty e^{-\gamma t}|f(t)|dt < \infty$ となるものとする。このとき

$$F(s) = \int_0^\infty e^{-st}f(t)dt$$

は，$\mathrm{Re}\,s > \gamma$ であるような複素数の s に対して解析関数 $F(s)$ を定義し

$$\frac{1}{2\pi i}\int_{\gamma-i\infty}^{\gamma+i\infty} F(s)e^{ts}ds$$

は，$\dfrac{f(t+0)+f(t-0)}{2}$ に等しい（$t < 0$ では，右辺は 0 であり，$t = 0$ に対しては，$f(0+0)/2$ に等しい）。ただし，右辺の積分は複素積分で虚軸に平行な直線に沿って行う。特に，$f(t)$ が t において連続であれば，つぎのようになる。

$$f(t) = \mathcal{L}^{-1}\{F(s)\} = \frac{1}{2\pi i}\int_{\gamma-i\infty}^{\gamma+i\infty} F(s)e^{ts}ds$$

例 4.4　ラプラス変換を使ってつぎの初期値問題を解いてみましょう。

$$x''(t) + 3x'(t) + 2x(t) = t + e^{3t}, \quad x(0) = 1, \quad x'(0) = -2 \tag{4.4}$$

$\mathcal{L}\{x'\} = sX(s) - x(0) = sX - 1$，$\mathcal{L}\{x''\} = s^2X(s) - x(0)s - x'(0) = s^2X(s) - s + 2$ に注意して，両辺のラプラス変換を取れば

$$(s^2 + 3s + 2)X(s) - s + 2 - 3 = \frac{1}{s^2} + \frac{1}{s-3}$$

となりますので

$$(s^2 + 3s + 2)X(s) = s + 1 + \frac{1}{s^2} + \frac{1}{s-3}$$

が得られます。両辺を $s^2 + 3s + 2 = (s+1)(s+2)$ で割って

$$X(s) = \frac{s+1}{(s+1)(s+2)} + \frac{1}{s^2(s+1)(s+2)} + \frac{1}{(s+1)(s+2)(s-3)}$$

$$= \frac{1}{s+2} + \frac{1}{2} \cdot \frac{1}{s^2} + \frac{1}{s+1} - \frac{1}{4} \cdot \frac{1}{s+2} - \frac{3}{4} \cdot \frac{1}{s}$$

$$- \frac{1}{4} \cdot \frac{1}{s+1} + \frac{1}{5} \cdot \frac{1}{s+2} + \frac{1}{20} \cdot \frac{1}{s-3}$$

$$= -\frac{3}{4} \cdot \frac{1}{s} + \frac{1}{2} \cdot \frac{1}{s^2} + \frac{3}{4} \cdot \frac{1}{s+1} + \frac{19}{20} \cdot \frac{1}{s+2} + \frac{1}{20} \cdot \frac{1}{s-3}$$

となります。ラプラス逆変換することによって，求める $x(t)$ がつぎのようになることがわかります。

$$x(t) = -\frac{3}{4} + \frac{t}{2} + \frac{3}{4}e^{-t} + \frac{19}{20}e^{-2t} + \frac{1}{20}e^{3t}$$

これは，確かに式 (4.4) の初期値問題の解になっています。

このように，式 (4.3) の右辺が有理式になれば，後は部分分数分解を求めて，ラプラス変換表を使ってラプラス逆変換すれば $x(t)$ を求めることができます。ラプラス変換を使うと，定数係数の線形方程式は機械的に解くことができ便利ですが，次節で説明するように，これは Python に任せることができます。

ラプラス変換が威力を発揮するのは，具体的な方程式を解くときというよりは，より一般の解を記述するときです。そのために，**畳込み**（**合成積**，convolution）が役に立ちます。畳込みとは

$$(f * g)(t) = \int_0^t f(t-\xi)g(\xi)d\xi$$

で定義される関数どうしの演算です。畳込みのラプラス変換を求めてみましょう。ただし，s_f，s_g を f，g の収束座標とし，$s > \max\{s_f, s_g\}$ とします。

$$\mathcal{L}(f * g)(s) = \int_0^\infty e^{-st}\left(\int_0^t f(t-\xi)g(\xi)d\xi\right)dt$$

$$= \int_0^\infty \left(\int_\xi^\infty e^{-st}f(t-\xi)g(\xi)dt\right)d\xi$$

$$= \int_0^\infty \left(\int_\xi^\infty e^{-st}f(t-\xi)dt\right)g(\xi)d\xi$$

$$= \int_0^\infty \left(\int_0^\infty e^{-s(u+\xi)}f(u)du\right)g(\xi)d\xi$$

$$= \left(\int_0^\infty e^{-su}f(u)du\right)\left(\int_0^\infty e^{-s\xi}g(\xi)d\xi\right)$$

$$= F(s)G(s)$$

1 行目から 2 行目を導く際に，条件 $s > \max\{s_f, s_y\}$ から積分の順序交換ができることを利用しました。このように，畳込みのラプラス変換は，ラプラス変換の積になります。この性質を使って，微分方程式を解くのです。上記も含め，よく使われるラプラス変換を表の形にしておきます（**表 4.2**）。

表 4.2 ラプラス変換表 (2)

式番号	$x(t) = \mathcal{L}^{-1}(X)(t)$	$X(s) = \mathcal{L}(x)(s)$
1	$x(at)\quad(a>0)$	$\dfrac{1}{a}X\left(\dfrac{s}{a}\right)$
2	$x(t-a)$	$e^{as}X(s)$
3	$e^{at}f(t)$	$X(s-a)$
4	$\left(\displaystyle\int^t\right)^n x(t)$	$\dfrac{X(s)}{s^n}$
5	$(-t)^n x(t)$	$\dfrac{d^n}{ds^n}X(s)$
6	$(f*g)(t)$	$F(s)G(s)$

表 4.2 の公式 4 の積分記号 $\left(\displaystyle\int^t\right)^n x(t)$ は，$x(t)$ を t で n 回積分するという意味に解釈します。

例 4.5　つぎのような初期値問題を考えましょう。

$$x'' + x = f(t),\quad x(0)=0,\quad x'(0)=0 \tag{4.5}$$

これまでとの違いは，非斉次項が $f(t)$ という一般の関数になっている点です。ここで，非斉次項を 1 とした方程式を解いておきましょう。

$$z'' + z = 1,\quad z(0)=0,\quad z'(0)=0$$

両辺のラプラス変換は，$z(0)=0$，$z'(0)=0$ より

$$(s^2+1)Z(s) = \frac{1}{s}$$

となりますから

$$Z(s) = \frac{1}{s(s^2+1)} = \frac{1}{s} - \frac{s}{s^2+1}$$

が得られます。この両辺のラプラス逆変換を取れば

$$z(t) = 1 - \cos t$$

となります。式 (4.5) を解きましょう。式 (4.5) の両辺をラプラス変換すれば，$(s^2+1)X(s) = F(s)$ ですので，$X(s) = \dfrac{F(s)}{s^2+1}$ となります。$sZ(s) = \dfrac{1}{s^2+1}$ に注意すると

$$X(s) = \frac{F(s)}{s^2+1} = sZ(s)F(s)$$

が得られます。これはラプラス変換の積の形ですから，ラプラス逆変換すれば，畳込みの形になります。つまり

$$\mathcal{L}^{-1}\{sZ(s) - z(0)\} = z'(t)$$

から

$$\mathcal{L}^{-1}\{(sZ(s) - z(0))F(s)\} = \int_0^t f(\xi) z'(t-\xi) d\xi$$

が得られ[†1]，整理すると，つぎのように解の表示ができます。

$$x(t) = z(0)f(t) + \int_0^t z'(t-\xi)f(\xi) d\xi = \int_0^t f(\xi)\sin(t-\xi) d\xi$$

このような積分表示は，非斉次項ごとに個別対応する方法では得られません。ラプラス変換の威力といってよいでしょう。

4.2 SymPy でシンボリックに微分方程式を解く

　長々と微分方程式の解法を説明してきました。ラプラス変換による解法を見てもわかるかと思いますが，定数係数線形微分方程式の解法は整理されているので，機械的に計算することができます。ここでは，SymPy ライブラリを用いて微分方程式を解く方法を説明します。SymPy は，記号処理（数式処理）を行うための高機能なライブラリで，代数計算（線形代数，代数方程式，多項式計算，グレブナー基底など），微積分（極限，微分，積分，テイラー展開など）をサポートしています[†2]。

　さて，早速問題に取り組んでみましょう。

$$x''(t) + x(t) = te^{-t} \tag{4.6}$$

の一般解と，$x(0) = 1$，$x'(0) = -1$ という初期値を与えたときの解を求めてみましょう。計算には，**リスト 4.1** のプログラムを使います。

―――――――――――――――――― **リスト 4.1**（symbolic.py）――――――――――――――――――

```
1 import sympy as sym
2 t = sym.symbols('t')
3 x = sym.Function('x')(t)
4 eq = sym.Eq(sym.diff(x, t, 2) + x, t*sym.exp(-t))
5 print(sym.dsolve(eq))
6 print(sym.dsolve(eq, ics={x.subs(t,0):1, sym.diff(x,t,1).subs(t,0):-1}))
```

[†1] ここで $\mathcal{L}^{-1}\{sZ(s) - z(0)\}$ と書いているのは，$sZ(s) - z(0)$ のラプラス逆変換であり，これは t の関数であるためです。

[†2] 商用の Mathematica よりも計算に時間がかかるのが難点だと思いますが，ちょっとした計算でストレスを感じることはありません。

1行目で SymPy ライブラリを sym という名前でインポートしています。2行目で t をシンボル
とし，3行目で，x を t の関数としています。4行目で微分方程式を記述しています。sym.Eq(方
程式の左辺，右辺) として方程式オブジェクトをつくり，5行目で，sym.dsolve を用いて解い
た微分方程式の一般解を表示しています。6行目では，sym.dsolve の引数として

```
ics={x.subs(t,0):1, sym.diff(x,t,1).subs(t,0):-1}
```

としています。x.subs(t,0):1 は $x(0) = 1$ を，sym.diff(x,t,1).subs(t,0):-1 は $x'(0) =$
-1 を意味しています。実行すると

```
Eq(x(t), C1*sin(t) + C2*cos(t) + t*exp(-t)/2 + exp(-t)/2)
Eq(x(t), t*exp(-t)/2 - sin(t) + cos(t)/2 + exp(-t)/2)
```

となります。これは，一般解が

$$x(t) = C_1 \sin t + C_2 \cos t + \frac{t}{2} e^{-t} + \frac{1}{2} e^{-t}$$

となり，$x(0) = 1$，$x'(0) = -1$ という初期値を与えたときの解が

$$x(t) = \frac{t}{2} e^{-t} - \sin t + \frac{\cos t}{2} + \frac{1}{2} e^{-t}$$

となることを示しています（項の順番は出力に合わせています）。

パラメータを入れたままでも計算できます。例えば

$$mx''(t) + kx(t) = \cos(2\pi ft) \tag{4.7}$$

を解くには，**リスト 4.2** のプログラムのようにすればよいでしょう。

―――――――――― **リスト 4.2**（symbolic2.py）――――――――――

```
1  import sympy as sym
2  PI = sym.pi
3  t, m, k, f = sym.symbols('t, m, k, f')
4  x = sym.Function('x')(t)
5  eq = sym.Eq(m*sym.diff(x, t, 2) + k*x, sym.cos(2*PI*f*t))
6  print(sym.dsolve(eq))
```

リスト 4.2 のプログラムを実行すると，つぎのように表示されます。

```
Eq(x(t), C1*exp(-t*sqrt(-k/m)) + C2*exp(t*sqrt(-k/m))
                    - cos(2*pi*f*t)/(4*pi**2*f**2*m - k))
```

少し見づらいですが

$$x(t) = C_1 e^{-\sqrt{-\frac{k}{m}}t} + C_2 e^{\sqrt{-\frac{k}{m}}t} - \frac{\cos(2\pi ft)}{4\pi^2 f^2 m - k}$$

ということです。m, k の符号がわからないので，このような表示になるわけです。

シンボリックに微分方程式を解く方法は，以上でおよそわかったのではないかと思います。
章末問題にも取り組んでみてください。

4.3　連立微分方程式

平面内の物体の運動を記述しようと思ったら，$(x(t), y(t))$ の満たす微分方程式が必要になります。3 次元空間であれば，$(x(t), y(t), z(t))$ の満たす微分方程式が必要です。また，高階の微分方程式を連立方程式の形で記述すると便利なこともあります。ここでは，連立微分方程式について説明します。

4.3.1　1 階連立微分方程式

1 階連立微分方程式とは，つぎのような方程式のことです。

$$\begin{cases} \dfrac{dx}{dt} = f(t, x, y) \\ \dfrac{dy}{dt} = g(t, x, y) \end{cases} \tag{4.8}$$

特に右辺が t を含まない方程式は，**自励系**（autonomous system）と呼ばれます。つまり，つぎのような方程式を自励系といいます。

$$\begin{cases} \dfrac{dx}{dt} = f(x, y) \\ \dfrac{dy}{dt} = g(x, y) \end{cases} \tag{4.9}$$

高階の方程式を連立方程式に直すこともできます。Python で微分方程式の数値計算を行う際に利用する odeint ライブラリで，高階の微分方程式を解く場合は，連立方程式に直す必要があります。odeint ライブラリについては，5 章と 6.2 節で解説します。

つぎのような 2 階の微分方程式を考えましょう。ここではあえて $\dfrac{d}{dt}$ という微分記号を使います。

$$\frac{d^2x}{dt^2} + p(t, x)\frac{dx}{dt} + q(t, x)x = 0 \tag{4.10}$$

式 (4.10) において，$y = \dfrac{dx}{dt}$ とすると

$$\frac{dy}{dt} = \frac{d^2x}{dt^2} = -q(t, x)x - p(t, x)y$$

となりますから，つぎのように書けます。

$$\frac{dx}{dt} = y$$
$$\frac{dy}{dt} = -q(t, x)x - p(t, x)y$$

同じようにすれば，さらに高階の微分方程式も 1 階の連立方程式に書き換えることができます。

先ほど述べたように，`odeint` ライブラリを使うためにもこの書き換えが必要ですが，理論的にも重要です。例えば，2.5 節で紹介した 1 階微分方程式の解の存在と一意性の証明は，連立方程式に対しても（記号はやや煩わしくはなりますが）わずかな修正で適用できるからです。

4.3.2 streamplot 関数による微分方程式の定める流れの可視化

微分方程式の解が存在して一意性を持つなら，初期値を定めると解曲線が 1 本定まることになります。解曲線どうしは交わることがありません。あたかも，川に木の葉を 1 枚浮かべると決まった軌道を描きながら流れていくかのようなものです。微分方程式は流れを定めるのです。

例 4.6

$$\begin{cases} \dfrac{dx}{dt} = y \\ \dfrac{dy}{dt} = -\sin x \end{cases} \tag{4.11}$$

これは，3.7.1 項で紹介した振り子の方程式を近似なしで記述し，連立方程式の形に直したものです（文字も変わっています）。簡単な形に見えますが，3.7.1 項で述べたように，このままでは解けません。解けない方程式についても，微分方程式が定める流れを見れば，解の様子が大体わかることが多いのです。これは，ちょうど，関数のグラフを描くのに，各点の値を知らなくても，微分して 0 になる点の近くの様子（極大・極小など）がわかればグラフの概形が描けるのと似ています。

微分方程式

$$\begin{cases} \dfrac{dx}{dt} = f(x,y) \\ \dfrac{dy}{dt} = g(x,y) \end{cases} \tag{4.12}$$

に対して，解の存在と一意性が成立し，解の爆発が起きないとしましょう。このとき，平面上の点 $\boldsymbol{x}_0 = (x(0), y(0))$ に対し，解の時刻 t における値 $\boldsymbol{x}(t) = (x(t), y(t))$ を対応させる写像 T_t が，すべての時刻 t について定まります。ここで，解 $\boldsymbol{x}(t) = T_t \boldsymbol{x}_0$ の一意性から

$$T_{t+s} = T_t T_s, \quad T_0 = I \text{（恒等写像）}$$

となることがわかります。まず，$T_s \boldsymbol{x}_0$ を改めて初期値と思って時間が t だけ経過したときの位置は，$T_t(T_s \boldsymbol{x}_0) = T_t T_s \boldsymbol{x}_0$ です。解の一意性より，$T_t T_s \boldsymbol{x}_0$ は，時刻 $t+s$ における $T_{t+s} \boldsymbol{x}_0$ に等しくなければなりません。これは，$T_{t+s} = T_t T_s$ であることを意味しています。自動的に，$T_t^{-1} = T_{-t}$ であることもわかります。このとき，T_t $(-\infty < t < \infty)$ を**流れ**（flow）または**力学系**（dynamical system）と呼んでいます。いまは平面上の流れを説明しましたが，次元を上げても同様にして流れを定義できます。

流れの数学的な定義は以上のようなものですが，百聞は一見に如かずといいます。Python を使って微分方程式 (4.11) の定める流れを見てみましょう。

流れの様子を見るには，Matplotlib ライブラリの **streamplot** 関数を使うと便利です。**リスト 4.3** のプログラムは，連立微分方程式 (4.11) で定まる流れを図示するものです[†]。

—— リスト **4.3**（flow.py）——

```
 1  import matplotlib.pyplot as plt
 2  import numpy as np
 3
 4  PI = np.pi
 5  n = 1000
 6  x = np.linspace(-4*PI, 4*PI, n)
 7  y = np.linspace(-2*PI, 2*PI, n)
 8
 9  X, Y = np.meshgrid(x, y)
10
11  u = Y
12  v = -np.sin(X)
13
14  plt.streamplot(X, Y, u, v, density = 2, linewidth=0.8)
15  #speed = np.sqrt(u**2 + v**2)
16  #plt.contourf(X, Y, speed, 100, cmap='Wistia')
17  plt.show()
```

リスト 4.3 のプログラムでは，凝ったことはしていないので，何をしているかは見やすいかと思います。11 行目，12 行目で $u = \dfrac{dx}{dt}$, $v = \dfrac{dy}{dt}$ となっていることはすぐにわかるでしょう。(u, v) と並べれば，速度ベクトルとなります。

14 行目の **plt.streamplot** では，最初に X, Y 座標を指定し，つぎに速度ベクトル (u, v)，後は線の密度と線の幅を調整しているだけです。実行すると**図 4.1** が表示されます。15 行目，16 行目の **#** を外して実行すると，**図 4.2** のように速度ベクトルの大きさ（ノルム）

$$\sqrt{\left(\frac{dx}{dt}\right)^2 + \left(\frac{dy}{dt}\right)^2}$$

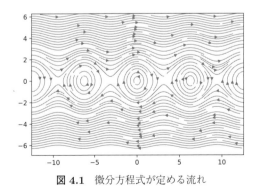

図 4.1 微分方程式が定める流れ

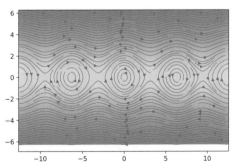

図 4.2 微分方程式が定める流れ
（流速による色分けをしたもの）

[†] PC のスペックによっては，表示されるまで少し待たなければならないかもしれません。

で色分けされます。色分けの仕方は，`cmap` という引数で調整できます。

このように微分方程式で定まる図を**相図**（phase portrait）といいます。相図を見れば，微分方程式を解かなくても，解の挙動が大体わかるのです。重要なのは，相図は各点での速度ベクトルだけで描くことができるということです。

4.3.3 微分方程式の定める流れの局所理論

方程式 (4.8)，(4.9) を適当な初期条件のもとで解きたいことがよくあります。もちろん，一般的な解法，つまり，解を既知の関数の有限個の組合せで表現することは，特別な場合を除いてできませんので，その場合は，数値計算するか，理論的に解析する必要があります。

自励系は理論的解析に好都合ですので，ここでは，式 (4.9) を考えましょう。式 (4.9) は一般に解くことはできませんが，平衡点 (x_0, y_0) の近くの様子は間接的に調べられる場合があります。**平衡点**（equilibrium point）とは

$$\begin{cases} f(x_0, y_0) = 0 \\ g(x_0, y_0) = 0 \end{cases} \tag{4.13}$$

となるような点のことです。$x = x_0$，$y = y_0$ という t によらない定数は，式 (4.9) の解になっていることに注意しましょう。平衡点は，**不動点**（**固定点**，fixed point）と呼ばれることもあります。一般に関数のグラフの形（凹凸など）を調べる際には，微分して 0 になる点を調べます。それは関数のグラフの大雑把な形がわかるからです。式 (4.9) における「微分して 0 となる点」が平衡点なのです。平衡点の周りで f，g をテイラー展開するとつぎのようになります。

$$f(x, y) = f_x(x_0, y_0)(x - x_0) + f_y(x_0, y_0)(y - y_0) + \cdots$$
$$g(x, y) = g_x(x_0, y_0)(x - x_0) + g_y(x_0, y_0)(y - y_0) + \cdots$$

2 次以上の項を無視すれば（無視できるような場合だけ考えるということですが），式 (4.9) はつぎのようになります。

$$\begin{cases} \dfrac{dx}{dt} \approx f_x(x_0, y_0)(x - x_0) + f_y(x_0, y_0)(y - y_0) \\ \dfrac{dy}{dt} \approx g_x(x_0, y_0)(x - x_0) + g_y(x_0, y_0)(y - y_0) \end{cases} \tag{4.14}$$

式 (4.14) は厳密にはイコールではありませんが，式 (4.9) の解は，これがイコールになっているつぎの方程式の解と近いだろうと予想されます。

$$\begin{cases} \dfrac{dx}{dt} = f_x(x_0, y_0)(x - x_0) + f_y(x_0, y_0)(y - y_0) \\ \dfrac{dy}{dt} = g_x(x_0, y_0)(x - x_0) + g_y(x_0, y_0)(y - y_0) \end{cases} \tag{4.15}$$

式 (4.15) を行列とベクトルを使って書いてみると，つぎのように表すことができます。

$$\frac{d}{dt}\begin{pmatrix} x-x_0 \\ y-y_0 \end{pmatrix} = \begin{pmatrix} f_x(x_0,y_0) & f_y(x_0,y_0) \\ g_x(x_0,y_0) & g_y(x_0,y_0) \end{pmatrix}\begin{pmatrix} x-x_0 \\ y-y_0 \end{pmatrix} \qquad (4.16)$$

式 (4.16) は，平衡点 (x_0,y_0) における式 (4.9) の**線形化方程式**（linearized equation）と呼ばれるものです。右辺に現れた行列は，平衡点における**ヤコビ行列**（Jacobi matrix）ですが，**線形化行列**（linearized matrix）と呼ばれることもあります。

　微分方程式の解がわかりやすい式で表現できない場合でも，ある点の近くでどのような形をしているかなどがわかれば十分なことが多いのです。微分方程式を平衡点の周りで線形化方程式で近似することを**局所線形化**（local linearlization）といいます。式 (4.9) の平衡点の安定性を定義します。$\boldsymbol{x}(t)=(x(t),y(t))$ と書くことにしましょう。

定義 4.1　　式 (4.9) の平衡点を $\boldsymbol{x}_0=(x_0,y_0)$ とする。このとき，任意の $\epsilon\,(>0)$ に対し $\|\boldsymbol{x}(0)-\boldsymbol{x}_0\|<\delta$ であれば，すべての $t\,(>0)$ に対し $\|\boldsymbol{x}(t)-\boldsymbol{x}_0\|<\epsilon$ であるような $\delta\,(>0)$ が存在するとき，平衡点 $\boldsymbol{x}_0$ は**安定**（stable）または**リアプノフ安定**（Lyapunov stable）であるという。特に，$\|\boldsymbol{x}(0)-\boldsymbol{x}_0\|<\delta$ であれば，$\displaystyle\lim_{t\to\infty}\|\boldsymbol{x}(t)-\boldsymbol{x}_0\|=0$ であるような $\delta\,(>0)$ が存在するとき，平衡点 $\boldsymbol{x}_0$ は**漸近安定**（asymptotically stable）であるという。

　イプシロン・デルタ式の定義は評判がよくないので，いささか不正確になることをご容赦いただいて，日常語で表現すると，その平衡点の近くの初期値から出発した解が，時間が経ってもつねに平衡点の近くに居続けるのが安定ということであり，平衡点の近くから出発した解が，時間が経つとその平衡点に吸い込まれていくのが漸近安定な平衡点ということです。
　このとき，つぎの定理が成り立ちます。

定理 4.2　　微分方程式 (4.9) が原点を平衡点に持つとする。原点における線形化方程式

$$\frac{d}{dt}\boldsymbol{x}=A\boldsymbol{x}$$

における行列 A の固有値 λ_1，λ_2 がともに 0 でない実部を持っているなら，式 (4.9) の平衡点における安定性は，線形化方程式の原点における安定性と一致する。特に，$\mathrm{Re}\lambda_1$，$\mathrm{Re}\lambda_2$ がともに負であれば，平衡点は漸近安定である。

　定理 4.2 は証明しませんが，例を通して，その意味を説明します。先ほどの振り子の方程式について，平衡点の近くで局所線形化して様子を調べてみることにしましょう。
　まず，平衡点を求めます。平衡点は，$y=0$，$-\sin x=0$ となる点ですから

$(n\pi,0)\quad(n=0,\pm1,\pm2,\cdots)$

となります。図 4.1 を見ると，n が偶数のときは，渦の中心のようになっています。一方，n が奇数のときは，テイラー展開は，$-\sin x = (-1)^{n-1}(x - n\pi) + \cdots$ となりますので，平衡点 $(n\pi, 0)$ における線形化方程式は，つぎのようになります。

$$\frac{d}{dt}\begin{pmatrix} x - n\pi \\ y \end{pmatrix} = \begin{pmatrix} 0 & 1 \\ (-1)^{n-1} & 0 \end{pmatrix}\begin{pmatrix} x - n\pi \\ y \end{pmatrix} \tag{4.17}$$

式 (4.17) の相図は，**図 4.3** のようになります。図 4.3 を描くには，**リスト 4.4** のプログラムを使っています。先ほどのプログラムと大差ありませんが，ここでは 21 行目でアスペクト比（縦横の比率）を揃えています。gca は，get current axes の略で，現在の figure の axes を取得する関数です。このまま実行すると図 (a) が表示され，10 行目をコメントアウトして 11 行目の **#** を外せば，図 (b) が表示されます。

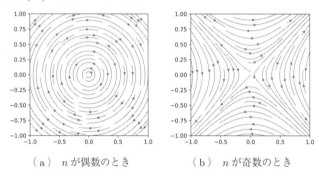

（a）n が偶数のとき   （b）n が奇数のとき

図 4.3 相図で平衡点付近の様子を調べる (1)

──── **リスト 4.4**（localflow.py）────

```
1  import matplotlib.pyplot as plt
2  import numpy as np
3
4  n = 1000
5  x = np.linspace(-1, 1, n)
6  y = np.linspace(-1, 1, n)
7
8  X, Y = np.meshgrid(x, y)
9
10 a = 0; b = 1; c = -1; d = 0 # center
11 #a = 0; b = 1; c = 1; d = 0 # saddle
12 #a = 0.5; b = 1; c = -1; d = 0.5 # unstable focus
13 #a = -0.5; b = 1; c = -1; d = -0.5 # stable focus
14 #a = 0.5; b = 1; c = 0; d = 0.5
15 #a = -0.5; b = 1; c = 0; d = -0.5
16
17 u = a*X + b*Y
18 v = c*X + d*Y
19
20 plt.streamplot(X, Y, u, v, density = 1, linewidth=0.8)
21 plt.gca().set_aspect('equal')
22 plt.show()
```

　図 4.3 と図 4.1 の平衡点付近を比較すると，線形化方程式がもとの方程式の平衡点付近の様子をほぼ反映していることがわかるかと思います。

　n が奇数のとき，線形化行列の固有値は ± 1 ですので，定理 4.2 より，平衡点は不安定ということがわかります。n が偶数のとき，線形化行列の固有値は $\pm i$ となり，実部が 0 ですので，定理 4.2 は使えません。別の手を使う必要があります。式 (4.1) において y を消去した方程式

$$\frac{d^2x}{dt^2} = -\sin x$$

の両辺に，$\dfrac{dx}{dt}$ を掛けて整理すると

$$\frac{dx}{dt}\left(\frac{d^2x}{dt^2} + \sin x\right) = 0$$

となりますが

$$\frac{dx}{dt}\frac{d^2x}{dt^2} = \frac{1}{2}\frac{d}{dt}\left(\frac{dx}{dt}\right)^2$$

$$\frac{dx}{dt}\sin x = -\frac{d}{dt}(\cos x)$$

となるので

$$\frac{1}{2}\frac{d}{dt}\left(\frac{dx}{dt}\right)^2 - \frac{d}{dt}(\cos x) = \frac{d}{dt}\left\{\frac{1}{2}\left(\frac{dx}{dt}\right)^2 - \cos x\right\} = 0$$

となります。つまり

$$\frac{1}{2}\left(\frac{dx}{dt}\right)^2 - \cos x = E$$

は定数ということになり，解は，曲線

$$\frac{1}{2}y^2 - \cos x = E \tag{4.18}$$

を描くことになります。この曲線を描いてみましょう。**リスト 4.5** のプログラムを実行すると，**図 4.4** が表示されます。これは閉曲線になっています。式 (4.18) の形状は E の値によって変わります。問題は (x, y) が原点に近いところなので，原点の近くの様子を見るには，E が小さい値のときを調べればよいでしょう。図 4.4 は，$E = 1/2$ のときの図です。

──────────── **リスト 4.5** （localsol.py）────────────

```
1 import matplotlib.pyplot as plt
2 import numpy as np
3
4 L = 4
5 xran = np.arange(-L, L, 0.025)
6 yran = np.arange(-L, L, 0.025)
7 x, y = np.meshgrid(xran,yran)
```

```
 8
 9 plt.axis([-L, L, -L, L])
10 plt.gca().set_aspect('equal', adjustable='box')
11
12 z = 0.5*y**2 - np.cos(x)
13 E = 0.5
14 plt.contour(x, y, z, [E])
15 plt.show()
```

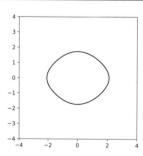

図 4.4 $E = \frac{1}{2}$ のグラフ

E が小さいときは，この曲線は非常に円に近いものになるはずです。というのは，$\cos x$ の 2 次までのテイラー展開で近似すると

$$\frac{1}{2}y^2 - \left(1 - \frac{x^2}{2}\right) \approx E$$

となるので

$$x^2 + y^2 \approx 2(E + 1)$$

となり，原点を中心とした半径 $\sqrt{2(E+1)}$ の円で近似できるからです。$E = 1$ のときは

$$\frac{1}{2}y^2 = 1 + \cos x = 2\cos^2 \frac{x}{2}$$

となるので，軌道はつぎのように表すことができます（**図 4.5**(a)）。

$$y = 2\left|\cos \frac{x}{2}\right|$$

この曲線は，軌道の様子が変わる境界にあたるもので，**分離線**（separatrix）と呼ばれています。

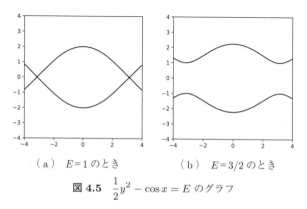

（ a ） $E=1$ のとき   （ b ） $E=3/2$ のとき

図 4.5 $\frac{1}{2}y^2 - \cos x = E$ のグラフ

$E > 1$ のときは，曲線は 2 本に分かれて図 4.5(b) のようになります（図 (b) は，$E = 3/2$ の
とき）。

ヤコビ行列が

$$\begin{pmatrix} 0.5 & 1 \\ -1 & 0.5 \end{pmatrix}, \quad \begin{pmatrix} -0.5 & 1 \\ -1 & -0.5 \end{pmatrix}$$

の場合は，おのおの**図 4.6**(a)，(b) に対応します。原点が渦の中心ですが，矢印の向きを見る
と，図 (a) では湧き出しているのに対し，図 (b) では吸い込まれていることがわかります。

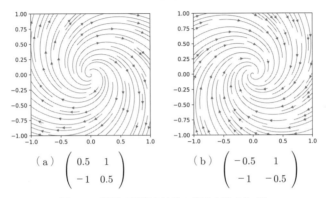

(a) $\begin{pmatrix} 0.5 & 1 \\ -1 & 0.5 \end{pmatrix}$ (b) $\begin{pmatrix} -0.5 & 1 \\ -1 & -0.5 \end{pmatrix}$

図 4.6 相図で平衡点付近の様子を調べる (2)

ヤコビ行列が

$$\begin{pmatrix} 0.5 & 1 \\ 0 & 0.5 \end{pmatrix}, \quad \begin{pmatrix} -0.5 & 1 \\ 0 & -0.5 \end{pmatrix}$$

の場合は，おのおの**図 4.7**(a)，(b) に対応します。渦にはなっていませんが，図 (a) では，原
点から湧き出しているのに対し，図 (b) では，吸い込まれていることがわかります。

ヤコビ行列を A と書き，ベクトルを $\boldsymbol{x}$ のように書けば，式 (4.16) は，つぎのように表すこ
とができます。

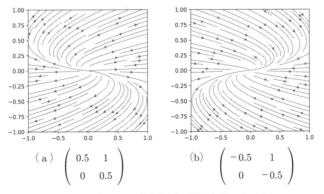

(a) $\begin{pmatrix} 0.5 & 1 \\ 0 & 0.5 \end{pmatrix}$ (b) $\begin{pmatrix} -0.5 & 1 \\ 0 & -0.5 \end{pmatrix}$

図 4.7 相図で平衡点付近の様子を調べる (3)

$$\frac{d}{dt}\boldsymbol{x} = A\boldsymbol{x} \tag{4.19}$$

式 (4.19) は，見た目は，変数分離形の方程式

$$\frac{d}{dt}x = ax \tag{4.20}$$

にそっくりです。式 (4.20) は変数分離形の方程式で，$x(t) = e^{at}x(0)$ という解を持つことはすでに学んだところですが，この類似で

$$\boldsymbol{x}(t) = e^{tA}\boldsymbol{x}(0) \tag{4.21}$$

のように解が書けたら便利でしょう。ここで問題になるのは，行列 A に対して，その指数関数 e^{tA} をどのように定義するかということです。

4.3.4 行列の指数関数

e^x のマクローリン展開が，式 (4.22) のようになることを思い出しましょう。

$$e^x = 1 + x + \frac{1}{2!}x^2 + \cdots + \frac{1}{n!}x^n + \cdots \tag{4.22}$$

いま，正方行列 A とスカラー t （複素数でもよいのですが，とりあえずここでは実数と思っていても結構です）に対し，式 (4.22) の x を形式的に tA と書き換えた行列の級数

$$e^{tA} = I + tA + \frac{t^2}{2!}A^2 + \cdots + \frac{t^n}{n!}A^n + \cdots \tag{4.23}$$

を**行列の指数関数**（matrix exponential）と呼ぶことにしましょう。

行列の指数関数が正しく定義できていること，つまり式 (4.23) の右辺の行列の級数が収束することを確認しておきます。あまり細かいことが気にならない方は読み飛ばしていただいて結構です。

定義 4.2　一般に正方行列 $A = (a_{ij})_{1 \leq i,j \leq n}$ に対して，その**ノルム**（norm）$\|A\|$ を

$$\|A\| = \sqrt{\sum_{i=1}^{n}\sum_{j=1}^{n}|a_{ij}|^2}$$

で定義する。

$\|A\|$ は，要するに，A の成分を一列に並べ直して n^2 次元のベクトルと見たときのノルム（長さ）になっています。ですから，明らかに

$$\|A + B\| \leq \|A\| + \|B\|, \quad \|cA\| = |c|\|A\|$$

が成り立ちます。c は複素数の定数です。式 (4.23) の右辺は，極限値

$$\lim_{N \to \infty} \sum_{n=0}^{N} \frac{t^n}{n!} A^n$$

を表しますが，その極限値は，このノルムに関するものです。ベクトルのときと同じく，成分ごとの収束と考えても同じことです。つぎの命題が成り立ちます。

命題 4.1　　$\|AB\| \leqq \|A\|\|B\|$　　　　　　　　　　　　　　　　　　(4.24)

証明

$$\|AB\|^2 = \sum_{i=1}^{n} \sum_{j=1}^{n} \left| \sum_{l=1}^{n} a_{il} b_{lj} \right|^2 \leqq \sum_{i=1}^{n} \sum_{j=1}^{n} \left(\sum_{l=1}^{n} |a_{il}|^2 \right) \left(\sum_{l'=1}^{n} |b_{l'j}|^2 \right)$$

$$= \left(\sum_{i=1}^{n} \sum_{l=1}^{n} |a_{il}|^2 \right) \left(\sum_{j=1}^{n} \sum_{l'=1}^{n} |b_{l'j}|^2 \right) = \|A\|^2 \|B\|^2$$

となります。2 行目でシュヴァルツの不等式を使いました。　　　　　　　　　　□

特に，命題 4.1 から，$\|A^k\| \leqq \|A\|^k \ (k = 0, 1, 2, \cdots)$ となることがわかります。

命題 4.2　　$S_N = \displaystyle\sum_{n=1}^{N} \frac{t^n}{n!} A^n$ とするとき，極限値 $\displaystyle\lim_{N \to \infty} S_N$ が存在する。

証明　　$M > N$ のとき

$$\|S_M - S_N\| = \left\| \sum_{k=N+1}^{M} \frac{t^k}{k!} A^k \right\| \leqq \sum_{k=N+1}^{M} \frac{|t|^k}{k!} \|A^k\|$$

$$\leqq \sum_{k=N+1}^{M} \frac{|t|^k}{k!} \|A\|^k = \tilde{S}_M - \tilde{S}_N$$

ここで，$\tilde{S}_N = \displaystyle\sum_{k=1}^{N} \frac{|t|^k}{k!} \|A\|^k$ とおきました。$\displaystyle\lim_{N \to \infty} \tilde{S}_N = e^{|t|\|A\|} < \infty$ となるので，$\{\tilde{S}_N\}$ はコーシー列です。つまり，$\{S_N\}$ はコーシー列となりますので，$\displaystyle\lim_{n \to \infty} S_N$ が存在することが証明されました。　　　　　　　　　　□

すぐに計算で確認しますが，先に観察した線形化方程式 (4.17) で定まるヤコビ行列を A とすると，その指数関数 e^{tA} は

$$e^{tA} = \begin{cases} \begin{pmatrix} \cos t & \sin t \\ -\sin t & \cos t \end{pmatrix} & (n \text{ が偶数のとき}) \\[3mm] \begin{pmatrix} \cosh t & \sinh t \\ \sinh t & \cosh t \end{pmatrix} & (n \text{ が奇数のとき}) \end{cases}$$

となります。

> **補足 4.1**   行列の指数関数は，e の定義式から出発して，つぎのように定義することもでき，式 (4.23) と一致します。
>
> $$e^{tA} = \lim_{n \to \infty} \left(I + \frac{t}{n} A \right)^n$$

いくつかの行列の指数関数を計算して，感触をつかみましょう。

例 4.7   つぎの行列

$$J = \begin{pmatrix} 0 & -1 \\ 1 & 0 \end{pmatrix}$$

に対して，e^{tJ} を求めてみます。

J は，角 $\pi/2$ の回転行列ですので，$J^2 = -I$, $J^3 = -J$, $J^4 = I$ となることがすぐにわかります。よって

$$\begin{aligned}
e^{tJ} &= I + tJ + \frac{t^2}{2!} J^2 + \cdots + \frac{t^n}{n!} J^n + \cdots \\
&= I + tJ - \frac{t^2}{2!} I - \frac{t^3}{3!} J + \frac{t^4}{4!} I + \frac{t^5}{5!} J + \cdots \\
&= \left(1 - \frac{t^2}{2!} + \frac{t^4}{4!} + \cdots \right) I + \left(t - \frac{t^3}{3!} + \frac{t^5}{5!} + \cdots \right) J \\
&= \cos t I + \sin t J = \begin{pmatrix} \cos t & -\sin t \\ \sin t & \cos t \end{pmatrix}
\end{aligned}$$

となります。角 t の回転行列が現れました。

例 4.8   つぎの行列

$$L = \begin{pmatrix} 0 & 1 \\ 1 & 0 \end{pmatrix}$$

に対して，e^{tL} を求めてみます。$L^2 = I$ がすぐにわかりますから

$$\begin{aligned}
e^{tL} &= I + tL + \frac{t^2}{2!} L^2 + \cdots + \frac{t^n}{n!} L^n + \cdots \\
&= I + tL + \frac{t^2}{2!} I + \frac{t^3}{3!} L + \frac{t^4}{4!} I + \frac{t^5}{5!} L + \cdots \\
&= \left(1 + \frac{t^2}{2!} + \frac{t^4}{4!} + \cdots \right) I + \left(t + \frac{t^3}{3!} + \frac{t^5}{5!} + \cdots \right) L
\end{aligned}$$

$$= \cosh t I + \sinh t J = \begin{pmatrix} \cosh t & \sinh t \\ \sinh t & \cosh t \end{pmatrix}$$

となります。

つぎの定理 4.3 は指数法則の一般化になっています。

定理 4.3　$n \times n$ 行列 A, B が可換（$AB = BA$）のとき，以下が成り立つ。

$$e^{t(A+B)} = e^{tA} e^{tB}$$

証明　A, B は可換なので，2 項展開 $(A+B)^n = \sum_{r=0}^{n} {}_n C_r A^{n-r} B^r$ が成り立つことに注意すると

$$e^{t(A+B)} = \sum_{n=0}^{\infty} \frac{t^n}{n!}(A+B)^n = \sum_{n=0}^{\infty} \frac{t^n}{n!}\left(\sum_{r=0}^{n} {}_n C_r A^{n-r} B^r\right)$$

$$= \sum_{n=0}^{\infty} \frac{t^n}{n!} \cdot n! \left(\sum_{i+j=n} \frac{A^i}{i!} \cdot \frac{B^j}{j!}\right) = \sum_{n=0}^{\infty} t^n \left(\sum_{i+j=n} \frac{A^i}{i!} \cdot \frac{B^j}{j!}\right)$$

$$= \sum_{n=0}^{\infty} \left(\sum_{i+j=n} \frac{(tA)^i}{i!} \cdot \frac{(tB)^j}{j!}\right) = \left(\sum_{i=0}^{\infty} \frac{(tA)^i}{i!}\right)\left(\sum_{j=0}^{\infty} \frac{(tB)^j}{j!}\right) = e^{tA} e^{tB}$$

となります。　□

固有値と固有ベクトルを用いて行列を標準形に直せば，行列の指数関数を求めることができます。つまり，正則行列 P によって $P^{-1}AP = B$ となるとき

$$P^{-1}e^{tA}P = P^{-1}\left(\sum_{n=0}^{\infty} \frac{t^n}{n!}A^n\right)P = \sum_{n=0}^{\infty} \frac{t^n}{n!}P^{-1}A^n P$$

$$= \sum_{n=0}^{\infty} \frac{t^n}{n!}(P^{-1}AP)^n = \sum_{n=0}^{\infty} \frac{t^n}{n!}B^n = e^{tB}$$

が成り立つことを利用すれば，計算が簡単な B に対して e^{tB} を計算し，その後，$e^{tA} = P^{-1}e^{tB}P$ とすることによって，e^{tA} を求めることができるのです。話を単純化するために，A が 2×2 行列であるとしましょう。A が対角化できる場合，固有ベクトルを並べた正則行列 P を用いて

$$P^{-1}AP = \begin{pmatrix} \lambda_1 & 0 \\ 0 & \lambda_2 \end{pmatrix} = \Lambda$$

のようにできます。よって

$$e^{t\Lambda} = \sum_{n=0}^{\infty} \frac{t^n}{n!}\Lambda^n = \sum_{n=0}^{\infty} \frac{t^n}{n!}\begin{pmatrix} \lambda_1 & 0 \\ 0 & \lambda_2 \end{pmatrix}^n = \sum_{n=0}^{\infty} \frac{t^n}{n!}\begin{pmatrix} \lambda_1^n & 0 \\ 0 & \lambda_2^n \end{pmatrix}$$

$$
= \begin{pmatrix} \displaystyle\sum_{n=0}^{\infty} \frac{(\lambda_1 t)^n}{n!} & 0 \\ 0 & \displaystyle\sum_{n=0}^{\infty} \frac{(\lambda_2 t)^n}{n!} \end{pmatrix} = \begin{pmatrix} e^{\lambda_1 t} & 0 \\ 0 & e^{\lambda_2 t} \end{pmatrix}
$$

となりますので

$$
e^{tA} = P \begin{pmatrix} e^{\lambda_1 t} & 0 \\ 0 & e^{\lambda_2 t} \end{pmatrix} P^{-1}
$$

とすることによって e^{tA} を求めることができるのです（問題 4-81 を解いてみてください）。

　一般に行列は対角化できるとは限りませんが，ジョルダン標準形にすることまでは必ずできます。2×2 行列の場合，ジョルダン標準形がつぎの例のようになる場合があります。

例 4.9　つぎの行列

$$
K = \begin{pmatrix} \lambda & 1 \\ 0 & \lambda \end{pmatrix}
$$

に対して，e^{tK} を求めてみます。

　K^2, K^3 を計算すると

$$
K^2 = \begin{pmatrix} \lambda^2 & 2\lambda \\ 0 & \lambda^2 \end{pmatrix}, \quad K^3 = \begin{pmatrix} \lambda^3 & 3\lambda^2 \\ 0 & \lambda^3 \end{pmatrix}
$$

となり，一般に，つぎのように書けると予想されます。この予想が正しいことは数学的帰納法で簡単に確かめることができます。

$$
K^n = \begin{pmatrix} \lambda^n & n\lambda^{n-1} \\ 0 & \lambda^n \end{pmatrix}
$$

　よって

$$
\begin{aligned}
e^{tK} &= I + tK + \frac{t^2}{2!}K^2 + \cdots + \frac{t^n}{n!}K^n + \cdots \\
&= I + \sum_{n=1}^{\infty} \frac{t^n}{n!} K^n = I + \sum_{n=1}^{\infty} \frac{t^n}{n!} \begin{pmatrix} \lambda^n & n\lambda^{n-1} \\ 0 & \lambda^n \end{pmatrix} \\
&= \begin{pmatrix} \displaystyle\sum_{n=0}^{\infty} \frac{(\lambda t)^n}{n!} & \displaystyle\sum_{n=1}^{\infty} \frac{nt(\lambda t)^{n-1}}{n!} \\ 0 & \displaystyle\sum_{n=0}^{\infty} \frac{(\lambda t)^n}{n!} \end{pmatrix} = \begin{pmatrix} e^{\lambda t} & te^{\lambda t} \\ 0 & e^{\lambda t} \end{pmatrix}
\end{aligned}
$$

となります。

　対角化できる場合でも，少し注意が必要なのが，複素数の固有値が出てくる場合です。2×2

行列の場合は，複素数の範囲では，つぎのような対角行列に変換することができます。

$$\begin{pmatrix} \alpha + i\beta & 0 \\ 0 & \alpha - i\beta \end{pmatrix}$$

しかし，実数の範囲に収めないと解の様子がわかりにくいでしょう。そのために，実数の範囲でできるだけ簡単にする方法を説明しておきます。A が実行列（成分が実数の行列）であると仮定し，固有値が，$\lambda = \alpha + i\beta\ (\beta \neq 0)$ となるとすれば，もう 1 つの固有値は，$\overline{\lambda} = \alpha - i\beta$ となります。λ に対応する固有ベクトルを実部と虚部に分けて，$\boldsymbol{v} = \boldsymbol{v}_R + i\boldsymbol{v}_I$ のように書きます。固有ベクトルの定義から

$$A(\boldsymbol{v}_R + i\boldsymbol{v}_I) = (\alpha + i\beta)(\boldsymbol{v}_R + i\boldsymbol{v}_I)$$

となります。実部と虚部に分けると

$$A\boldsymbol{v}_R + iA\boldsymbol{v}_I = (\alpha\boldsymbol{v}_R - \beta\boldsymbol{v}_I) + i(\beta\boldsymbol{v}_R + \alpha\boldsymbol{v}_I)$$

となります。つまり

$$A\boldsymbol{v}_R = \alpha\boldsymbol{v}_R - \beta\boldsymbol{v}_I$$
$$A\boldsymbol{v}_I = \beta\boldsymbol{v}_R + \alpha\boldsymbol{v}_I$$

となり，これを行列の形で表現すれば

$$A[\boldsymbol{v}_R, \boldsymbol{v}_I] = [\boldsymbol{v}_R, \boldsymbol{v}_I] \begin{pmatrix} \alpha & -\beta \\ \beta & \alpha \end{pmatrix}$$

となります。$\boldsymbol{v}_R,\ \boldsymbol{v}_I$ は，$\boldsymbol{v}$ と $\overline{\boldsymbol{v}}$ を用いて

$$\boldsymbol{v}_R = \frac{1}{2}(\boldsymbol{v} + \overline{\boldsymbol{v}}), \quad \boldsymbol{v}_I = \frac{1}{2i}(\boldsymbol{v} - \overline{\boldsymbol{v}})$$

と書くことができますが，$\lambda \neq \overline{\lambda}$ なので，$\boldsymbol{v}_R,\ \boldsymbol{v}_I$ は 1 次独立です。よって，$P = [\boldsymbol{v}_R, \boldsymbol{v}_I]$ は正則で

$$P^{-1}AP = \begin{pmatrix} \alpha & -\beta \\ \beta & \alpha \end{pmatrix}$$

が成り立つことになります。これを A の**実ジョルダン標準形**（real Jordan form）といいます。

2 次元（平面）の場合の実ジョルダン標準形は，以下の 3 つで尽くすことができます。

(1) 固有値 $\lambda_1,\ \lambda_2$ が 2 つとも実数で対角化できる場合

$$\begin{pmatrix} \lambda_1 & 0 \\ 0 & \lambda_2 \end{pmatrix}$$

(2) 固有値が実数でない複素数 $\alpha \pm \beta i$ の場合

$$\begin{pmatrix} \alpha & -\beta \\ \beta & \alpha \end{pmatrix}$$

(3) 固有値 λ が重根で対角化できない場合

$$\begin{pmatrix} \lambda & 1 \\ 0 & \lambda \end{pmatrix}$$

ここで，定理 4.3 を使って

$$B = \begin{pmatrix} \alpha & -\beta \\ \beta & \alpha \end{pmatrix} = \alpha I + \beta \begin{pmatrix} 0 & -1 \\ 1 & 0 \end{pmatrix} = \alpha I + \beta J$$

の指数関数を計算することができます。明らかに $IJ = JI$ ですから

$$e^{tB} = e^{t(\alpha I + \beta J)} = e^{\alpha t I} e^{\beta t J}$$

$$= e^{\alpha t} \begin{pmatrix} \cos \beta t & -\sin \beta t \\ \sin \beta t & \cos \beta t \end{pmatrix}$$

となります。定数係数の線形方程式を連立方程式に書き換えて解いてみましょう。

例 4.10   つぎの微分方程式

$$\frac{d^2 x}{dt^2} + x = 0 \tag{4.25}$$

を考えます。

式 (4.25) を連立方程式に書き換えると

$$\frac{d}{dt}\begin{pmatrix} x \\ y \end{pmatrix} = \begin{pmatrix} 0 & 1 \\ -1 & 0 \end{pmatrix}\begin{pmatrix} x \\ y \end{pmatrix} \tag{4.26}$$

となります。右辺に現れた 2×2 行列を A とすると，$A^2 = -I$ となりますから，その指数関数 e^{tA} は，つぎのようになります。

$$e^{tA} = \begin{pmatrix} \cos t & \sin t \\ -\sin t & \cos t \end{pmatrix}$$

よって，微分方程式の解は，つぎのように書くことができます。

$$\begin{pmatrix} x \\ y \end{pmatrix} = \begin{pmatrix} \cos t & \sin t \\ -\sin t & \cos t \end{pmatrix}\begin{pmatrix} x_0 \\ y_0 \end{pmatrix}$$

x だけ取り出すと，つぎのようになり，確かに x が求まっていることがわかります。

$$x = x_0 \cos t + y_0 \sin t = x(0) \cos t + x'(0) \sin t$$

補足 4.2　　非斉次の微分方程式

$$\frac{d}{dt}\boldsymbol{x} = A\boldsymbol{x} + \boldsymbol{b}(t)$$

の解も行列の指数関数を使って書くことができます。実際，両辺に e^{-tA} を掛けて

$$e^{-tA}\frac{d}{dt}\boldsymbol{x} - Ae^{-tA}\boldsymbol{x} = e^{-tA}\boldsymbol{b}(t)$$

とすると，左辺は $\dfrac{d}{dt}(e^{-tA}\boldsymbol{x})$ となり，両辺を積分すると

$$\int_{t_0}^{t}\frac{d}{ds}(e^{-sA}\boldsymbol{x})ds = \int_{t_0}^{t}e^{-sA}\boldsymbol{b}(s)ds$$

となりますから，つぎのような等式が得られます。

$$e^{-tA}\boldsymbol{x}(t) - e^{-t_0 A}\boldsymbol{x}(t_0) = \int_{t_0}^{t}e^{-sA}\boldsymbol{b}(s)ds$$

この両辺に左から e^{tA} を掛けて整理すると

$$\boldsymbol{x}(t) = e^{(t-t_0)A}\boldsymbol{x}(t_0) + \int_{t_0}^{t}e^{(t-s)A}\boldsymbol{b}(s)ds$$

となります。

――――――　章　末　問　題　――――――

問題 4-71 **（数学）**　ガンマ関数

$$\Gamma(z) = \int_0^{\infty}t^{z-1}e^{-t}dt$$

は，$\mathrm{Re}\,z > 0$ で定義できる関数です[†]。z が 1 以上の整数のとき，$\Gamma(z) = (z-1)!$ となることを利用して，表 4.1 の公式 4 を導いてください。

[†]　複素関数論を勉強したことがあれば，実際には解析接続経由でさらに拡張できることをご存知でしょう。まず，$z \neq 0$ として部分積分し，$\displaystyle\int_0^{\infty}t^{z-1}e^{-t}dt = \frac{1}{z}\int_0^{\infty}t^z e^{-t}dt$ という等式を使えば，$z = 0$ を除く $\mathrm{Re}\,z > -1$ の領域で収束して，$\Gamma(z) = \Gamma(z+1)/z$ が成り立ちます。部分積分を繰り返し用いると，$\Gamma(z) = \Gamma(z+n+1)/z(z+1)\cdots(z+n)$ となり，定義域が拡張されます。ガンマ関数は，$z = 0, -1, -2, \cdots$ で 1 位の極を持ち，それ以外の点では正則です。

問題 4-72 **（数学）** e^{at} のラプラス変換を用いて，表 4.1 の公式 5 から公式 8 を導いてください。
［ヒント］a は複素数でもよいことに注意しましょう。

問題 4-73 **（数学）** ラプラス変換を用いて，初期値問題：$x'' + x = e^{-t}\cos t$，$x(0) = 1$，$x'(0) = 1$ を解いてください。

問題 4-74 **（数学）** ラプラス変換を用いて，初期値問題：$x'' + 2x' + x = f(t)$，$x(0) = 1$，$x'(0) = 1$ を解いてください。
［ヒント］まず，初期値問題：$z'' + 2z' + z = 1$，$z(0) = 1$，$z'(0) = 1$ を解いてみてください。

問題 4-75 **（Python）** SymPy を使って，$x'' + x' + x = \cos t$ の一般解を求めてください。

問題 4-76 **（Python）** SymPy を使って，$x''' + 3x'' + 3x' + x = t\sin t$ の一般解を求めてください。

問題 4-77 **（Python）** SymPy を使って，初期値問題：$x'' + x' + 3x = \sin t$，$x(0) = 0$，$x'(0) = 1$ の解を求めてください。

問題 4-78 **（Python）** 図 4.5 を描いてください。

問題 4-79 **（数学）** 補足 4.1 の定義から出発して（右辺の極限が存在して e^{tA} に一致することを仮定して），不等式

$$\|e^{tA}\| \leq e^{|t|\|A\|}$$

を示してください。

問題 4-80 **（数学）** $AB = BA$ でないときは，$e^{t(A+B)} = e^{tA}e^{tB}$ が成り立たないことがあります。2×2 行列で $e^{t(A+B)} \neq e^{tA}e^{tB}$ となる行列の例を挙げてください。

問題 4-81 **（数学）** 対角化を利用してつぎの行列 A の指数関数 e^{tA} を求めてください。

$$A = \begin{pmatrix} 3 & 4 \\ 5 & 2 \end{pmatrix}$$

問題 4-82 **（数学）** つぎの行列 A の実ジョルダン標準形を求めてください。

$$A = \begin{pmatrix} 1 & 1 \\ -2 & 1 \end{pmatrix}$$

問題 4-83 **（数学）（Python）** 微分方程式

$$\frac{dx}{dt} = y$$
$$\frac{dy}{dt} = x + x^2$$

を考えます（ペルコ[20]，p. 206 Example 3）。つぎの問に答えてください。
(1) この微分方程式で定まる流れの相図を描いてください。
(2) 平衡点をすべて求めてください。そのうち原点における安定性を判定してください。
(3) $\frac{1}{2}y^2 - \frac{1}{2}x^2 - \frac{1}{3}x^3$ が定数になることを示してください。

5 Pythonで微分方程式を解く

これまでは，解ける微分方程式を扱ってきましたが，応用に現れる微分方程式の多くは，解を既知の簡単な関数の組合せとして表現することができませんので，数値解法が必要になります。常微分方程式に限れば，標準的な数値解法が知られており，Python には実用的なソルバが用意されていますので，その活用方法を学んでいきましょう。

5.1 微分方程式ソルバの使い方

まずは簡単な微分方程式

$$\frac{dx}{dt} = (x+1)\cos t \tag{5.1}$$

の数値解を求めて，厳密解と比較してみましょう。**図 5.1** が初期値 $x(0) = 1$ としたときの解です。微分方程式を解くソルバはいくつか用意されているのですが，最も広く使われている `scipy.integrate` ライブラリの `odeint` 関数を使って計算した数値解を**リスト 5.1** のプログラムに示します†。

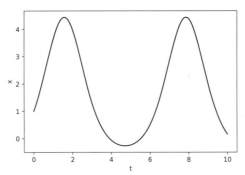

図 5.1 `odeint` 関数を用いた数値解の計算

---

† これは有名な Fortran ライブラリで，初期値問題ソルバ LSODA をベースにしています。安定性は折り紙つきですし，R の deSolve パッケージの `ode` 関数のデフォルトの積分器が LSODA になっている[34]など，現在でも広く使われているため，解説するのに適当と考えました。このほかの常微分方程式ソルバとしては，クラス版の `ode` と初期値問題ソルバ `solve_ivp` があり，さまざまな改良が加えられているようですが，`odeint` は精巧につくられた信頼のおける関数であり，今後も使われると考えられます。なお，`scipy.integrate.solve_ivp` でも，`method` という引数に 'LSODA' を指定すれば `odeint` 関数と同様の処理がなされます。`odeint` 関数は古いといわれることもありますが，試してみたところでは，比較的計算時間のかかる問題では，`solve_ivp` よりも `odeint` 関数のほうが高速ですし，完全な世代交代ということもなさそうに思います。

——————————— リスト 5.1（ODE.py）———————————

```python
 1  import numpy as np
 2  import matplotlib.pyplot as plt
 3  from scipy.integrate import odeint
 4
 5  def f(x, t):
 6      dxdt = np.cos(t)*(x + 1)
 7      return dxdt
 8
 9  x0 = 1
10  t = np.linspace(0, 10, 400)
11
12  x = odeint(f, x0, t)
13
14  plt.plot(t, x)
15  plt.xlabel('t')
16  plt.ylabel('x')
17  plt.show()
```

リスト 5.1 のプログラムの中身を説明しましょう。3 行目が微分方程式を解くためのライブラリで，微分方程式の右辺 func と初期値 x0，変数 t を与えると，t の範囲に合わせて $x(t)$ の値を計算してくれます。後は，プロットしているだけです。

式 (5.1) は変数分離形なのでもちろん解くことができます。問題 5-85 を解けば，数値解と厳密解がほぼ完全に重なってしまって，見分けがつかないことがわかるのではないかと思います。ぜひ解いてみてください。

5.1.1 極限周期軌道（リミットサイクル）

連立の微分方程式を解くこともできます。**極限周期軌道**（limit cycle）が現れる方程式の例を挙げておきます。

$$\begin{cases} \dfrac{dx}{dt} = x + y - x\sqrt{x^2 + y^2} \\ \dfrac{dy}{dt} = -x + y - y\sqrt{x^2 + y^2} \end{cases} \tag{5.2}$$

odeint 関数を使って解曲線の様子を調べてみましょう。**リスト 5.2** のプログラムを実行すると，**図 5.2** が描かれます。

——————————— リスト 5.2（limitcycle.py）———————————

```python
 1  import numpy as np
 2  from scipy.integrate import odeint
 3  import matplotlib.pyplot as plt
 4
 5  # Limitcycle
 6  # x = v[0], y = v[1], z = v[2]
 7  def Cycleeq(v, t):
 8      dxdt =  v[0] + v[1] - v[0]*(v[0]**2+v[1]**2)
 9      dydt = -v[0] + v[1] - v[1]*(v[0]**2+v[1]**2)
10
```

```
11      return [dxdt, dydt]
12
13 initvar = [0.0, 0.1]  # [x(0), y(0)]
14 t = np.linspace(0, 10, 400) # time
15 Clist = odeint(Cycleeq, initvar, t)
16
17 initvar2 = [2.0, 1.0]  # [x(0), y(0)]
18 Clist2 = odeint(Cycleeq, initvar2, t)
19
20 fig, ax = plt.subplots()
21 ax.set_xlabel('x')
22 ax.set_ylabel('y')
23 ax.grid()
24 ax.plot(Clist[:,0], Clist[:,1], color="black")
25 ax.plot(Clist2[:,0], Clist2[:,1], linestyle = "dashed", color="black")
26 fig.tight_layout()
27 plt.show()
```

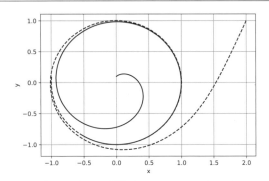

図 5.2 極限周期軌道（リミットサイクル）

　図 5.2 は，初期値を $(x_0, y_0) = (0.0, 0.1)$ とした解（実線）と，初期値を $(x_0, y_0) = (2.0, 1.0)$ とした解（破線）を描いたものです。解曲線が円に巻きついていく様子がわかります。リスト 5.2 のプログラムの 7 行目から 11 行目が連立の微分方程式を記述している部分です。x が v[0] で，y が v[1] に対応します。13 行目が初期値のリストになっています。

　じつは，原点に留まる解を除くと，どのような初期値でも，解曲線は単位円 $C : x^2 + y^2 = 1$ に漸近するのです。これは計算で直接示すことができます。極座標変換 $x = r\cos\theta$, $y = r\sin\theta$ を導入すると

$$\frac{dx}{dt} = \frac{dr}{dt}\cos\theta - r\frac{d\theta}{dt}\sin\theta = r\cos\theta + r\sin\theta - r^2\cos\theta$$
$$\frac{dy}{dt} = \frac{dr}{dt}\sin\theta + r\frac{d\theta}{dt}\cos\theta = -r\cos\theta + r\sin\theta - r^2\sin\theta$$

となります。したがって

$$\begin{pmatrix} \cos\theta & -r\sin\theta \\ \sin\theta & r\cos\theta \end{pmatrix} \begin{pmatrix} \dfrac{dr}{dt} \\ \dfrac{d\theta}{dt} \end{pmatrix} = \begin{pmatrix} r\cos\theta + r\sin\theta - r^2\cos\theta \\ -r\cos\theta + r\sin\theta - r^2\sin\theta \end{pmatrix}$$

となりますから

$$
\frac{d}{dt}
\begin{pmatrix} r \\ \theta \end{pmatrix}
=
\begin{pmatrix} \cos\theta & -r\sin\theta \\ \sin\theta & r\cos\theta \end{pmatrix}^{-1}
\begin{pmatrix} r\cos\theta + r\sin\theta - r^2\cos\theta \\ -r\cos\theta + r\sin\theta - r^2\sin\theta \end{pmatrix}
$$

$$
= \frac{1}{r}
\begin{pmatrix} r\cos\theta & r\sin\theta \\ -\sin\theta & \cos\theta \end{pmatrix}
\begin{pmatrix} r\cos\theta + r\sin\theta - r^2\cos\theta \\ -r\cos\theta + r\sin\theta - r^2\sin\theta \end{pmatrix}
$$

$$
= \begin{pmatrix} r - r^2 \\ -1 \end{pmatrix}
$$

となります。$\theta = -t + \theta_0$ になることがすぐにわかります（θ_0 は定数）。

$$
\frac{1}{r - r^2}\frac{dr}{dt} = 1
$$

は変数分離形ですので，$r \neq 0$ かつ $r \neq 1$ として（$r = 0$, $r = 1$ はもちろん解になっています），両辺を積分すれば

$$
\int \frac{1}{r(1-r)} dr = \int \left(\frac{1}{r} + \frac{1}{1-r} \right) dr = \log\left| \frac{r}{1-r} \right| = t + C
$$

となるので，$t = 0$ で，$r = r_0$ とすれば

$$
r = \frac{r_0}{r_0 + (1-r_0)e^{-t}}
$$

となります。$0 < r_0 < 1$ であれば，C の内側から時計回りに C に巻きついていき，$r_0 > 1$ であれば，C の外側から時計回りに C に巻きついていくことがわかります。C 上にあった点は永遠に C を時計回りに回転し続けます（周期軌道）。C のような周期軌道を**極限周期軌道**といいます。

　解ける微分方程式ばかりでは，odeint 関数のありがたみがあまりわからないので，厳密解がきれいに書けず，数値計算が不可欠な例を見ていきましょう。

5.1.2　トンネルダイオードとファン・デル・ポル方程式

　p 形半導体（p-type semiconductor）と **n 形半導体**（n-type semiconductor）を接合させると，**ダイオード**（diode）という素子ができます。ダイオードとは，一方通行の道のようなものです[†]。このような作用を**整流作用**（rectification）といいます。半導体の話の細かいことはさておき，p 形半導体は正に帯電しており（電子が不足している＝**正孔**（**ホール**）（hole）がある），n 形半導体は負に帯電している（電子が余っている＝電子がある）と思っていただければよいでしょう。**図 5.3** をご覧ください。接合すると，p 形半導体中の正孔は n 形半導体のほうに拡散し，n 形半導体中の電子は p 形半導体に拡散し，電子と正孔が結合して消滅しますので，

[†]　初期のダイオードは二極真空管でした。

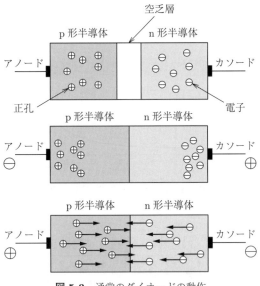

図 5.3 通常のダイオードの動作

接合部付近にはキャリア（電子または正孔）が存在しない**空乏層**（depletion layer）が生じます。p 形半導体側につながる電極を**アノード**（anode），n 形半導体側につながる電極を**カソード**（cathode）といいます。このダイオードに電池をつなぐことを考えます。アノード側に負極，カソード側に正極をつなぐと，正に帯電している p 形半導体で，電子がアノード側に引き寄せられます。カソード側ではこの反対のことが起きて，電子がカソード側に引き寄せられ，電流は流れません（逆バイアス）。しかし，電池の極を入れ替えて接続すると，電子はカソード側，正孔はアノード側に引き寄せられることになります。電圧が低いうちは接合部付近の壁（ポテンシャル障壁）に阻まれて電流はほとんど流れませんが，電圧を上げていくとキャリアのエネルギーがポテンシャル障壁のエネルギーを上回り，キャリアが空乏層を通過して電流が流れるようになります（順バイアス）。

　理想的な状態だと，印加電圧 V と電流 I の間には，つぎの関係があることが知られています。

$$I = I_s(e^{\frac{qV}{\kappa T}} - 1) \tag{5.3}$$

ここで，I_s は飽和電流〔A〕，q は電気素量で $q = 1.60 \times 10^{-19}$〔C〕，T は絶対温度〔K〕，$\kappa = 1.38 \times 10^{-23}$〔J/K〕はボルツマン定数です。室温 $T = 300$〔K〕では，$V_T = \kappa T/q \approx 26$〔mA〕です。$V_T = \kappa T/q$ は**熱電圧**（thermal voltage）と呼ばれます。グラフにすると，**図 5.4** のようになります。式 (5.3) を見ると，電圧が負の領域では，$V \to -\infty$ において $-I_s$ に漸近します[†]。I_s は普通，とても小さい値なので，逆方向に電流はほとんど流れない，ということになります。

　p 形・n 形半導体の不純物の濃度を上げたダイオードでは面白いことが起こります。**図 5.5** のようなダイオードでは，空乏層のポテンシャル障壁が薄くなることがわかっており，小さな

[†]　実際には，逆方向の電圧を上げていくと，ある電圧を境に急に大きな電流が流れるようになります。この現象を**降伏**（breakdown），境になる電圧を**降伏電圧**（breakdown voltage）と呼んでいます。

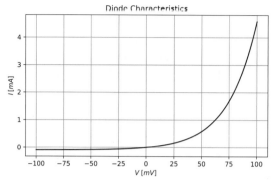

図 **5.4**　ダイオードの電圧電流特性

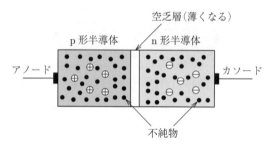

図 **5.5**　トンネルダイオードの原理

順方向電圧を印加すると，古典力学的には通り抜けることができない電子や正孔が，障壁を通り抜けることができるようになって，電流が流れるのです。これは，量子力学でよく知られている**トンネル効果**（tunneling effect）です。

　順方向の電圧が大きくなってくると，トンネル効果による順方向の電流が減少します。電圧が上がっているにもかかわらず，電流が減少し始めるのです。これは，抵抗が電圧を電流で割った値であることを考慮すると，負の抵抗（＝**負性抵抗**（negative resistance））が生じるということになります。そのまま電圧を上げ続けると，通常のダイオードと同じように電流が増加し始め，**図 5.6** のようにくねった電圧電流曲線となるのです。

　これは面白い現象です。この不思議なダイオードは，**トンネルダイオード**（tunneling diode）と呼ばれています。1957 年 8 月に東京通信工業（現在のソニー）の江崎玲於奈氏と助手の黒瀬

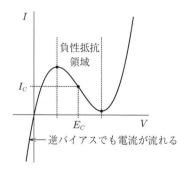

図 **5.6**　トンネル（江崎）ダイオードの
電圧電流曲線

百合子氏が発明したものです。当時，半導体内でトンネル効果が生じることは驚きの結果で，江崎氏はこの発見により，1973 年のノーベル物理学賞を受賞しました。その名にちなんで，トンネルダイオードは，**江崎ダイオード**（Esaki diode）とも呼ばれます。

さて，少し視点を工学方向に向けてみましょう。図 5.6 にあるような電圧電流曲線を認めたとしましょう。このとき，何か面白いことは起きないのでしょうか。トンネルダイオードについての解説を読むと，これがマイクロ波発振回路に用いられると書いてあるのですが，どうしてここから発振回路につながるか，釈然としません。そこで，**図 5.7** のような回路を考えます[†1]。

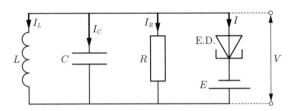

図 5.7　トンネルダイオードを含む回路

図 5.7 の E.D. と書いてある素子がトンネルダイオードです。ここで，トンネルダイオードの特性を 3 次式

$$I = f(V) = \frac{V - E_C}{\rho}\left\{-1 + \frac{(V - E_C)^2}{3K^2}\right\} + I_C$$

とします[†2]。

ダイオードを流れる電流を I，コイル，コンデンサ，抵抗を流れる電流をそれぞれ，I_L，I_C，I_R とします。このとき，$I = f(v + E)$，$I_R = v/R$，$I_C = C\dfrac{dv}{dt}$，$I_L = \dfrac{1}{L}\displaystyle\int v\,dt$ となりますが，キルヒホッフの法則から，$I + I_R + I_C + I_L = 0$ になります。つまり

$$C\frac{dv}{dt} + \frac{v}{R} + \frac{1}{L}\int v\,dt + f(v + E) = 0 \tag{5.4}$$

となります。式 (5.4) の両辺を t で微分して，つぎの方程式にたどりつきます。

$$C\frac{d^2v}{dt^2} + \frac{1}{R}\frac{dv}{dt} + \frac{v}{L} + \frac{dv}{dt}\frac{d}{dv}f(v + E) = 0 \tag{5.5}$$

式 (5.5) において，E はバイアス電圧と呼ばれるものですが，ここでは，$E = E_C$ となるように取ります。このとき

$$f(v + E_C) = \frac{v}{\rho}\left(-1 + \frac{v^2}{3K^2}\right) + I_C$$

となるので，その微分はつぎのようになります。

[†1]　本項の説明は，田辺・藤原[15)] に沿っています。

[†2]　定性的には問題ない近似だと思いますが，実際は簡単な 3 次式とはいえないようです。実際の挙動に関しては，特許：特願昭 32-24093（発明者：江崎玲於奈・黒瀬百合子）の図 2 をご覧ください。

$$\frac{d}{dv}f(v + E_C) = -\frac{1}{\rho}\left(1 - \frac{v^2}{K^2}\right) \tag{5.6}$$

式 (5.6) を式 (5.5) に代入すれば，式 (5.7) が得られます。ここで，$R > \rho$ となるように取ります。

$$C\frac{d^2v}{dt^2} - \left(\frac{1}{\rho} - \frac{1}{R}\right)\left(1 - \frac{Rv^2}{(R-\rho)K^2}\right)\frac{dv}{dt} + \frac{v}{L} = 0 \tag{5.7}$$

$$\tau = \frac{1}{\sqrt{LC}}t, \quad \mu = \sqrt{\frac{L}{R}}\left(\frac{1}{\rho} - \frac{1}{R}\right) > 0, \quad x = \sqrt{\frac{R}{R-\rho}}\frac{v}{K}$$

とすると

$$\frac{d^2x}{d\tau^2} - \mu(1-x^2)\frac{dx}{d\tau} + x = 0 \tag{5.8}$$

と書き直すことができます。見づらいので，式 (5.8) において時間の単位を $1/\sqrt{LC}$ に取り直して，τ を t に戻して

$$\frac{d^2x}{dt^2} - \mu(1-x^2)\frac{dx}{dt} + x = 0 \tag{5.9}$$

としておきましょう。式 (5.9) を**ファン・デル・ポル方程式** (van der Pol equation) といいます。ファン・デル・ポル方程式は，もともとオランダの電気工学者，ファン・デル・ポル (Balthasar van der Pol) が真空管を含む電気回路を解析する際に発見したものですが，トンネルダイオードを使った回路にも現れたわけです。

リスト 5.3 のプログラムのように，odeint 関数を使ってファン・デル・ポル方程式を解いてみましょう。式 (5.9) を連立方程式に直すとつぎのようになります。もちろん $y = \frac{dx}{dt}$ とします。

$$\frac{dx}{dt} = y$$
$$\frac{dy}{dt} = -x + \mu(1-x^2)y$$

―――― **リスト 5.3**（van_der_Pol.py）――――

```
 1 import numpy as np
 2 from scipy.integrate import odeint
 3 import matplotlib.pyplot as plt
 4
 5 # van der Pol equation
 6 # x = P[0], y = P[1]
 7 def van_der_Poleq(P, t, mu):
 8     dxdt = P[1]
 9     dydt = -P[0] + mu*(1-P[0]**2)*P[1]
10
11     return [dxdt, dydt]
12
13 t = np.linspace(0, 40, 400) # time
14
15 mu = 3.0
```

```
16  initvar = [2.0, 0]   # [x(0), y(0)]
17  Plist = odeint(van_der_Poleq, initvar, t, args = (mu,))
18
19  fig, ax = plt.subplots()
20  ax.set_xlabel('t')
21  ax.set_ylabel('x(t)')
22  #ax.set_xlabel('x(t)')
23  #ax.set_ylabel('y(t)')
24  ax.grid()
25  ax.plot(t, Plist[:,0])
26  #ax.plot(Plist[:,0], Plist[:,1])
27  fig.tight_layout()
28  plt.show()
```

リスト 5.3 のプログラムにおいて注意しなければならないのは，17 行目の odeint 関数の引数 args です。args は，パラメータのタプルでなければなりません。要素が 1 つしかないタプルでは，args = (mu,) のカンマは省略できません†。リスト 5.3 のプログラムを実行すると，**図 5.8** が描かれます。繰り返しのパターンが現れていることがわかります。

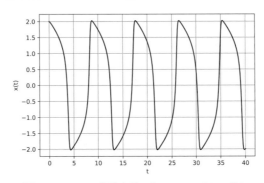

図 5.8　odeint 関数を用いたファン・デル・ポル
方程式の数値解

ここで $(x(t), y(t))$ の様子を見てみます。いまの例では，20 行目，21 行目，25 行目をコメントアウトし，22 行目，23 行目，26 行目の # を外すと，**図 5.9** が描かれます。

図 5.9 を見ると，何やら閉じた軌道があるように見えます。これがトンネルダイオードが発振回路に使えるという話につながるわけです。

じつは，閉じた軌道の存在は数学的に証明できますので後ほど証明します。そのため，**ファン・デル・ポル振動子**（van der Pol oscillator）と呼ばれることもあります。相図を見てみましょう。**リスト 5.4** のプログラムを実行すると，相図である**図 5.10** が描かれます。

---

† タプルはリストとよく似ています。見た目の違いは，リストでは [ ] の中にカンマ区切りで要素を並べるのに対し，タプルでは ( ) の中にカンマ区切りで要素を並べるということですが，本質的な違いは，タプルでは要素の変更ができないという点にあります。タプルでもリストと同じように要素番号を指定することで要素の取出しができますが，リストとは異なり，タプルは変更できないので，タプルの要素への代入はできません。

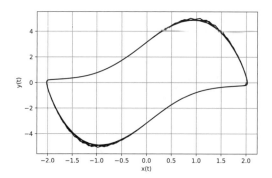

図 5.9 odeint 関数を用いたファン・デル・ポル
方程式の解

──────── **リスト 5.4**（vanDerPolFlow.py）────────

```python
import matplotlib.pyplot as plt
import numpy as np

n = 1000
x = np.linspace(-3, 3, n)
y = np.linspace(-12, 12, n)

X, Y = np.meshgrid(x, y)

mu = 3.0
u = Y
v = -X + mu*(1-x**2)*Y
speed = np.sqrt(u**2 + v**2)

plt.streamplot(X, Y, u, v, density = 1.5, linewidth=0.8)
plt.show()
```

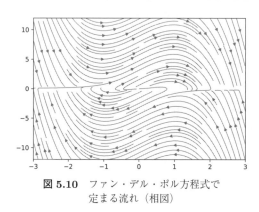

図 5.10 ファン・デル・ポル方程式で
定まる流れ（相図）

　図 5.10 を見ると，閉曲線らしきものが見えてきました。初期値をいろいろと変えてみるとわかりますが，相図における原点以外を初期値とした解は，ある極限周期軌道に近づいていくということがわかっています。

　さて，ここで数学に目を転じましょう。数値計算を丁寧にやれば，極限周期軌道の存在を「確

信」することはできると思いますが,「証明」するには理論が必要です。極限周期軌道の存在
は,**力学系理論**(dynamical system theory)の深い結果として知られるつぎの**ポアンカレ・ベ
ンディクソンの定理**(Poincaré Bendixson theorem)により保証されます。ポアンカレ・ベン
ディクソンの定理は 2 次元系の幾何学的性質を使っているので,3 次元以上では成り立ちません。
後に見るように,3 次元以上では,はるかに複雑な挙動を示す解を持つ微分方程式が存在します。

定理 5.1(**ポアンカレ・ベンディクソンの定理**)   微分方程式

$$
\begin{cases}
\dfrac{dx}{dt} = f(x, y) \\[2mm]
\dfrac{dy}{dt} = g(x, y)
\end{cases}
\tag{5.10}
$$

の初期条件 $(x(0), y(0)) = (x_0, y_0)$ によって(一意的に)定まる軌道を $\gamma(t)$ とする。$t > t_0$
に対して,$\gamma(t)$ が平衡点を通らず有界な領域に留まる(閉じ込めが生じている)なら,$\gamma(t)$
は閉軌道(周期解)であるか,または,$t \to \infty$ で周期解である閉軌道に漸近する。

ポアンカレ・ベンディクソンの定理の証明を正確に述べるにはいろいろと準備が必要になり
ます。興味のある方は,他書(例えば,高橋[16])などを参照いただければと思います。

ポアンカレ・ベンディクソンの定理は応用家にはわかりやすい定理とは言い難いので,特別
な場合ではありますが,より使いやすい判定条件を与えておきましょう。

多くの発振回路は,式 (5.11) のような**リエナール方程式**(Liénard's equation)と呼ばれる
方程式として表現できることが知られています。

$$
\frac{d^2 x}{dt^2} + f(x)\frac{dx}{dt} + g(x) = 0
\tag{5.11}
$$

ファン・デル・ポル方程式は,$f(x) = -\mu(1 - x^2)$,$g(x) = x$ の場合にあたりますから,リ
エナール方程式になっています。リエナール方程式は,つぎの連立方程式 (5.12) と等価です。
`odeint` 関数を使う場合は,式 (5.12) の形で使います。

$$
\begin{cases}
\dfrac{dx}{dt} = y \\[2mm]
\dfrac{dy}{dt} = -g(x) - f(x)y
\end{cases}
\tag{5.12}
$$

極限周期軌道の存在について,つぎの定理が知られています。

定理 5.2(**リエナールの定理**) $f(x)$,$g(x)$ が以下の条件を満たすとする。

(1) $f(x)$,$g(x)$ はすべての x について連続的微分可能である。

(2) $g(x)$ は奇関数である。

(3) $x > 0$ のとき $g(x) > 0$ である。

(4) $f(x)$ は偶関数である。

(5) 奇関数

$$F(x) = \int_0^x f(z)dz$$

は，$x > 0$ において，ある一点 $x = a$ でのみ 0 となり，$0 < x < a$ では負，$x > a$ では正の値を持つ非減少関数であり，$\lim_{x \to \infty} F(x) = \infty$ となる。

このとき，式 (5.12) の連立方程式は相平面の原点を囲む安定な（つまり，任意の初期値から出発した解が漸近するような）極限周期軌道をただ 1 つ持つ。

定理 5.3　ファン・デル・ポル方程式は，$\mu > 0$ のとき，原点を囲む安定な極限周期軌道を持つ。

証明　定理 5.2 の条件 (1)〜(4) が満たされていることはすぐにわかります。条件 (5) を確認します。

$$F(x) = \mu \int_0^x (z^2 - 1)dz = \frac{1}{3}\mu x(x^2 - 3)$$

ですから，$a = \sqrt{3}$ として条件 (5) が成り立っていることがわかります。定理 5.2 から，相平面の原点を囲む安定な極限周期軌道をただ 1 つ持つことになります。　　　□

これでトンネルダイオードと発振回路が数学的に完全につながりました。

5.1.3　ローレンツ方程式とカオス・数値計算の誤差

ローレンツ方程式（Lorenz equation）

$$\frac{dx}{dt} = -\sigma x + \sigma y$$

$$\frac{dy}{dt} = -xz + rx - y$$

$$\frac{dz}{dt} = xy - bz$$

を odeint 関数を使って解いてみましょう。ここで，σ, r, b は定数です[†]。ローレンツ方程式は，乾燥した大気の熱伝導を表現するナビエ・ストークス方程式を単純化したモデルです。$\sigma (> 0)$ はスケール調整済の**プラントル数**（Prandtl number）と呼ばれる流体の動粘度と温度拡散率の比です。$r (> 0)$ は**レイリー数**（Rayleigh number）という定数です。熱の伝わり方には，伝導，対流，放射の 3 つがありますが，レイリー数は，熱がおもに伝導で伝わるか対流で伝わるかを決める数です。b は説明が難しいのですが，ある実数の定数 a に対して，$b = 4/(1 + a^2)$ で定義されているので，4 以下の正の定数です。この方程式は，気象学者であるローレンツ（Edward

---

[†]　記号は，ローレンツの原論文[35]に従っています。

Norton Lorenz）が大気変動のモデルとして提示したもので，ローレンツは文献の中で，$\sigma = 10$, $r = 28$, $b = 8/3$ の場合を取り上げて詳しく調べています。ローレンツ方程式は非常に単純に見えますが，解の挙動は非常に複雑です。

ローレンツ方程式を解くプログラムを**リスト 5.5** に示します。これは，初期値として，$x(0) = 0.5$, $y(0) = 0.1$, $z(0) = 0.2$ とした場合の解になります。

—— リスト **5.5**（Lorenz.py）——

```
1  import numpy as np
2  from scipy.integrate import odeint
3  import matplotlib.pyplot as plt
4  # If your version of matplotlib is earlier than 3.2.0,
5  # the following import statement is required.
6  from mpl_toolkits.mplot3d import Axes3D
7
8  # Lorenz equation
9  # x = L[0], y = L[1], z = L[2]
10 def Lorenzeq(L, t, sigma, r, b):
11     dxdt = -sigma*L[0] + sigma*L[1]
12     dydt = -L[0]*L[2] + r*L[0] - L[1]
13     dzdt = L[0]*L[1] - b*L[2]
14
15     return [dxdt, dydt, dzdt]
16
17 initvar = [0.5, 0.1, 0.2]  # [x(0), y(0), z(0)]
18 t = np.linspace(0, 38, 4000) # time
19 sigma = 10; r = 28; b=8/3
20 Llist = odeint(Lorenzeq, initvar, t, args = (sigma, r, b), atol=1e-12,rtol=1e-12)
21
22 fig = plt.figure()
23 ax = fig.gca(projection='3d')
24
25 ax.set_xlabel('x')
26 ax.set_ylabel('y')
27 ax.set_zlabel('z')
28 ax.plot(Llist[:, 0], Llist[:, 1], Llist[:, 2])
29 plt.show()
```

リスト 5.5 のプログラムでは，3 次元プロットをしていますので，該当箇所の説明をしておきましょう。6 行目のインポート文は，Matplotlib のバージョンが 3.2.0 以降であれば不要ですが，ここでは念のため入れてあります。警告が出るかもしれませんが，動作上は問題ないはずです。23 行目では，現在のアカウントを取得するメソッド **gca** で 3 次元プロジェクションを指定しています。これによって，3 次元のグラフ表示ができるようになります（ただし，グラフを見る角度などはデフォルトのままです）。

リスト 5.5 のプログラムを実行すると**図 5.11** が描かれます。さらに長時間の軌道を描いていくと，ほとんど塗りつぶされていきます。このように，軌道は無限遠に逃げていかずに，有

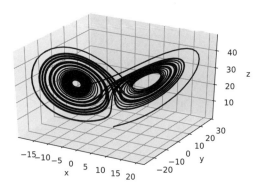

図 5.11　odeint によるローレンツ方程式の数値解
$(\sigma = 10,\ r = 28,\ b = 8/3)$

界な範囲に留まることが知られています[†1]。

　ローレンツ方程式はデリケートな方程式なので，少し注意が必要なことがあります。20 行目を見てください。ここでつぎのように 2 つの引数が追加されています。

```
atol=1e-12, rtol=1e-12
```

atol は，**絶対許容誤差**（absolute tolerance）と呼ばれるもので，計算値と真の値の差の絶対値をこの値以下に押さえます。rtol は，**相対許容誤差**（relative torelance）で，絶対誤差を真の値で割った値をこの値以下に押さえます[†2]。大雑把にいえば，atol, rtol が小さいほど高精度となります[†3]。許容誤差を小さく取ると，数値解法の段数（6.1 節参照）が増え，処理に時間がかかるようになります。

　少し話が複雑なのですが，odeint ソルバを使う場合，数値計算で使う t の刻み幅（6.1 節参照）とソルバが実際に方程式を解く（積分する）際に使う t の刻み幅は異なるものです。以下の 2 つを区別しておく必要があります。

・**サンプリングステップ**（sampling step）：これはユーザが制御できる刻み幅で，リスト 5.5 のプログラムでは 16 行目で与えています。ソルバは，この間隔で x の計算値を返します。

・**積分ステップ**（integration step）：こちらはソルバが数値計算（積分）アルゴリズムで使う刻み幅です。これは，atol, rtol に従って自動的に調整されます。もちろん，この刻

[†1]　証明は例えば，金子[17]にあります。

[†2]　とはいっても通常は真の値はわからないので，反復解法を使った際に値がどの程度動かなくなったところで計算をやめるかをこれらで決めているということです。

[†3]　SciPy.org の scipy.integrate.odeint のページ[36]には，つぎの記述があります。なお，ここで y と書いてあるのは，本書では x にあたります。"The input parameters rtol and atol determine the error control performed by the solver. The solver will control the vector, e, of estimated local errors in y, according to an inequality of the form max-norm of (e / ewt) <= 1, where ewt is a vector of positive error weights computed as ewt = rtol * abs(y) + atol. rtol and atol can be either vectors the same length as y or scalars. Defaults to 1.49012e-8." つまり，atol, rtol のデフォルト値は，1.49012e-8（1.49012×10^{-8}）だということです。

みは，サンプリングステップを含んでいるので，通常はより細かくなります。つまり，サンプリングステップを小さく取れば，積分ステップも小さくなるということです。このように精度に応じて刻み幅を自動で選択する仕組みを**適応刻み幅制御**（adaptive stepsize control）といいます。

ローレンツ方程式の場合，これらの許容誤差を変えると結果も変わってしまいます（これが方程式がデリケートという意味ですが）。それを見てみましょう。**図 5.12** は，リスト 5.5 のプログラムの 20 行目で，atol, rtol を指定せず

```
Llist = odeint(Lorenzeq, initvar, t, args = (sigma, r, b))
```

としてデフォルト値のままにしたものです。よく見ると図 5.11 と軌道の様子が違っていることがわかると思います。

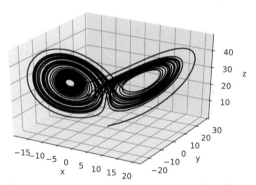

図 5.12 odeint によるローレンツ方程式の数値解
［デフォルト］$(\sigma = 10,\ r = 28,\ b = 8/3)$

このような違いが生じるのは，誤差が時間とともに大きく拡大するという方程式の性質によるものです。さらに違いをはっきり見るために，**リスト 5.6** のプログラムで x の時間変化を見てみましょう。

――――――――― **リスト 5.6**（LorenzXonly.py）―――――――――

```python
1  import numpy as np
2  from scipy.integrate import odeint
3  import matplotlib.pyplot as plt
4
5  # Lorentz equation
6  # x = L[0], y = L[1], z = L[2]
7  def Lorenzeq(L, t, sigma, r, b):
8      dxdt = -sigma*L[0] + sigma*L[1]
9      dydt = -L[0]*L[2] + r*L[0] - L[1]
10     dzdt = L[0]*L[1] - b*L[2]
11
12     return [dxdt, dydt, dzdt]
13
14 sigma = 10; r = 28; b=8/3
15 t = np.linspace(0, 70, 10000) # time
```

```
16  # 1st curve
17  initvar = [0.5, 0.1, 0.2]  # [x(0), y(0), z(0)]
18  Llist = odeint(Lorenzeq, initvar, t, args = (sigma, r, b), atol=1e-12, rtol=1
      e-12)
19  # 2nd curve
20  #initvar2 = [0.5, 0.1, 0.2+0.01]
21  #Llist2 = odeint(Lorenzeq, initvar2, t, args = (sigma, r, b))
22
23  fig, ax = plt.subplots()
24
25  ax.set_xlabel('t')
26  ax.set_ylabel('x')
27  ax.plot(t, Llist[:, 0])
28  #ax.plot(t, Llist2[:, 0])
29  plt.show()
```

リスト 5.6 のプログラムは，初期値として

$$x(0) = 0.5, \quad y(0) = 0.1, \quad z(0) = 0.2$$

とした解（**図 5.13**(a)）を描くものですが，17 行目，18 行目，27 行目をコメントアウトし，20 行目，21 行目，28 行目の **#** を外すと

$$x(0) = 0.5, \quad y(0) = 0.1, \quad z(0) = 0.2 + 0.01$$

とした解（図 5.13(b)）が描かれます。

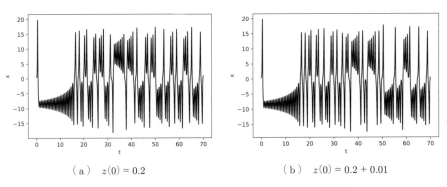

（a）　$z(0) = 0.2$　　　　　　　　　　（b）　$z(0) = 0.2 + 0.01$

図 5.13　ローレンツ方程式の解の初期値に対する鋭敏性

　やや見づらいですが，最初のほうは似たような動きをしており，時間が経つにつれて異なる動きを示すようになることがわかるでしょう。これは，**初期値に対する鋭敏性**（sensitivity to initial conditions）と呼ばれるもので，**カオス**（chaos）の特徴の 1 つです。カオスの数学的な定義ははっきり定まっているわけではありませんが[†]，初期値に対する鋭敏性はその特徴として必ず取り上げられるものです。ローレンツは，カオスを「現在が未来を決定するが，およその現

[†]　複数の定義がありますが，いずれにおいても，初期値に対する鋭敏性のほか，軌道が有界かつ非周期的であるという条件が含まれています。

在（the approximate present）が未来を決定しない数学的現象」と表現しました†。これは気象学にとっては由々しき事態です。気象現象が微分方程式で表現されるとすれば，未来は現在の状態が完全にわかれば予測できるはずですが，どのような測定も誤差を含むので，わかるのは「およその現在」にすぎないからです。これは数値計算上も大きな問題です。**図5.14**(ａ)は，図5.13(ａ)と同じです。図5.14(ｂ)は，`atol`, `rtol` の指定を外したデフォルトの場合です。

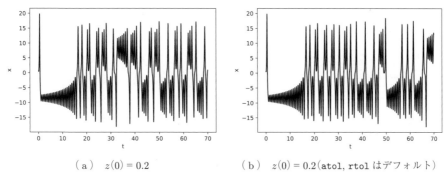

（ａ）　$z(0) = 0.2$　　　　　　　（ｂ）　$z(0) = 0.2$(`atol`, `rtol` はデフォルト)

図5.14　ローレンツ方程式の数値解の誤差の拡大

　図5.14を見ると，まったく同じ初期値であるにもかかわらず，まったく異なる動きをしていることがわかるでしょう。初期値に対する鋭敏性という方程式の性質が，計算の誤差を大きく拡大してしまうためです。これはつまり，数値計算が信用できないということを意味しています。

　カオスの存在が意味するのは，非線形な微分方程式で記述されるような現象について，短期はともかく，中長期の予測には役立たない可能性が高いということです。これは測定は必ず誤差を含んでいるためです。世界は非線形現象で満ち溢れており，ただでさえ振舞いが予測できないものがたくさんつながっています。こうした世界では，予測精度を上げる努力をするよりも，予測できないことを前提として対処することを考えたほうがよいのでしょう。

　ローレンツ方程式の解の挙動を細かく調べることは，入門書の範囲を超えるので，詳細は他書[18]などをご覧いただきたいのですが，参考までにおもな結果だけ述べておきます。

　ローレンツ方程式の平衡点は，$r \leqq 1$ のときは $(0,0,0)$ のみ，$r > 1$ のときは $(0,0,0)$，$(\pm\sqrt{b(r-1)}, \pm\sqrt{b(r-1)}, r-1)$（復号同順）の3つになります（問題5-90参照）。

　$r < 1$ のとき，原点（平衡点）は**大域漸近安定**（globally asymptotically stable）になっています。つまり，どのような軌道も $t \to \infty$ で原点に漸近することがわかっています。

　$r > 1$ のときに現れる平衡点は

$$C^+(\sqrt{b(r-1)}, \sqrt{b(r-1)}, r-1),$$
$$C^-(-\sqrt{b(r-1)}, -\sqrt{b(r-1)}, r-1)$$

---

†　ダンフォース教授がメリーランド大学の博士課程（応用数学）の学生だったとき，ローレンツ博士が指導教員のところに滞在し，紙切れに "Chaos: When the present determines the future, but the approximate present does not approximately determine the future." と書いたそうです[37]。うまい表現です。

の2つです。これらは（$\sigma - b - 1 > 0$ を仮定したとき）

$$0 < r < r_H = \frac{\sigma(\sigma + b + 3)}{\sigma - b - 1}$$

の条件が満たされるとき安定となります。$r > r_H$ のときははるかに複雑なことが起きます。図5.11 は，$\sigma = 10$, $r = 28$, $b = 8/3$ の場合ですが，このとき，$r = 25$ は

$$r_H = \frac{\sigma(\sigma + b + 3)}{\sigma - b - 1} \approx 24.736842105263154$$

を少し上回っている場合にあたります[18]。図5.11 をご覧になれば実感できるかと思いますが，この渦の中心部（2つある）が，C^+, C^- にあたります。軌道は，C^+ の周りを数回回った後，C^- を中心にまた数回回ってから再び C^+ の周りを回って…という複雑な動きが繰り返されます。それぞれの回転数は各回ごとに変化し，あたかもランダム数列のような挙動を示すことがわかっています。

　先ほど説明したとおり，わずかな誤差が結果を大きく変えてしまうので，信頼性の高い数値解を得ることは難しい問題なのですが，一方で，その「行先」となる集合はわかるのです。

　ファン・デル・ポル方程式の場合は極限周期軌道が存在しましたが，ローレンツ方程式では周期軌道に漸近するわけではなく，非周期的な軌道に漸近します。極限周期軌道も含め，$t \to \infty$ としたときに，軌道がある集合に近づく場合，そのような集合を **ω 極限集合**（ω-limit set）といいます。ローレンツ方程式の ω 極限集合は**ローレンツアトラクタ**（Lorenz attractor），または**ストレンジアトラクタ**（strange attractor）と呼ばれますが，これは周期軌道ではありません。しかし，その形はわかります。時間を延長して計算すると**図 5.15** のようになります。初期値が多少違っても ω 極限集合に漸近することがわかっていますから，これがおよそローレンツアトラクタであるといってよいでしょう。つまり，おのおのの軌道は初期値のわずかな違いで大きく異なる挙動を示しますが，ローレンツアトラクタの上を永遠に漂い続けるということになります。このローレンツアトラクタは体積ゼロで面積無限大の ω 極限集合であることがわかっています[18]。カオスが発生するには，微分方程式系は必ず非線形性を持つ必要があります。

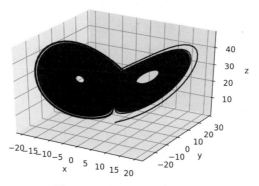

図 5.15 ローレンツアトラクタ

また，3 次元以上でないと起きないこともわかっています[†1]。

5.2　感染症の数理モデルを解く

　2019 年から始まった世界的な新型コロナウイルスの流行で，感染症の数理モデルへの関心が高まりました。

　人類はこれまで，天然痘，ペスト，スペイン風邪など多くの感染症の世界的なパンデミックを経験しています。第一次世界大戦のさなかの 1918 年 3 月，米国カンザス州の陸軍基地で発生したとされるスペイン風邪は，米軍が欧州戦線に進出したことで欧州全土に拡大し，後に世界中に感染が広がり，1919 年の上半期まで流行が続きました。日本では少し遅れて 1921 年まで続きました。世界人口の約 3 割にあたる 5 億人が感染し，死者は 4500 万人にのぼり，日本でも 39 万人が亡くなりました[19)]。スペイン風邪の流行によって，第一次世界大戦の終わりが早まったと考えられています。感染症の大規模な流行が歴史を変えてきたのです。

　感染症がどのように伝わっていくかという問題は研究者の関心を集め，現在でも多くの研究がなされています。ここでは，その原点となった微分方程式のモデルを紹介します。

5.2.1　SIR モデル

SIR モデル（SIR model）は，最も基本的な感染症モデルで，ケルマック（William Ogilvy Kermack）とマッケンドリック（Anderson Gray McKendrick）が文献23) で提案したモデル（ケルマック・マッケンドリックモデル）の中でも特に簡単なもので，料理でいえばプレーンオムレツのようなものです[30)]。マレーの有名な数理生物学の教科書[24)] には，1905 年から 1906 年にかけてのボンベイ（ムンバイ）におけるペスト流行，1978 年のイングランドの全寮制学校におけるインフルエンザ流行，1665 年から 1666 年のイーム村におけるペスト流行に対し，SIR モデルが感染者数の時間変化によく当てはまっていると書かれています。SIR モデルがうまく当てはまらない例も多いのですが，やはり基本となるモデルについて正確に理解しておくことは大事でしょう[†2]。

　SIR モデルは，$S(t)$，$I(t)$，$R(t)$ という 3 つの量の時間変化を記述します。$S(t)$ は，時刻 t における**感受性保持者**（susceptible，病気に罹りうる人＝免疫を持たない人）の人数，$I(t)$ は，時刻 t における**感染者**（infected）の人数，$R(t)$ は，時刻 t における**免疫保持者**（recovered，あるいは**隔離者**（removed））の人数を表しています。これらの動きをつぎのような 1 階の連立

[†1]　大雑把な説明ですが，2 次元系の場合はポアンカレ・ベンディクソンの定理がありますので，ω 極限集合は，平衡点か極限周期軌道しかないことがわかります。ストレンジアトラクタ（周期軌道ではない）は存在しないということになります。

[†2]　Google は，2020 年 11 月に SIR モデルを修正した SEIR モデル（5.2.3 項で説明します）と AI を組み合わせた COVID-19 感染予測技術を考案し，公開しています。詳細は，文献25) にあります。本書執筆時点では，Youyang Gu 氏による SEIR モデルと AI を組み合わせた短期予測モデル（https://covid19-projections.com/）がきわめて高精度のようです。

常微分方程式として記述するのが SIR モデルです。

$$
\begin{cases}
S'(t) = -\beta S(t)I(t) & \text{(5.13 a)} \\
I'(t) = \beta S(t)I(t) - \gamma I(t) & \text{(5.13 b)} \\
R'(t) = \gamma I(t) & \text{(5.13 c)}
\end{cases}
$$

ここで, $\beta\ (> 0)$ は**有効接触率**（effective contact rate）で, 感染率と呼ばれることもあります。また, $\gamma\ (> 0)$ は**回復率**（removal rate）です。$1/\gamma$ は平均感染期間を表しています。

すぐにわかることは

$$
(S(t) + I(t) + R(t))' = 0 \tag{5.14}
$$

となることです。式 (5.14) は, $S(t) + I(t) + R(t)$ が時刻 t によらない定数であることを意味しています。つまり, これは合計の人数であり, 出生や死亡などで人数が変わらないことを前提としたモデルだということです。総数を $S(t) + I(t) + R(t) = N$ とします（しばしば $N = 1$ と仮定されますが, ここでは明示的に N と書いておきます）。また, 免疫を獲得した人が再び感染することはないものとしています。SIR モデルは, 出生・死亡数が無視できる場合に適用できる可能性があります。

モデルの意味を簡単に説明しておきましょう。式 (5.13 a) を見てみましょう。

$$
S'(t) = -\beta S(t)I(t)
$$

この式の左辺は, 単位時間当りの免疫を持たない人（SIR モデルではまだ感染していない人, 感受性保持者）の人数の変化率です。右辺の意味については, つぎのように考えることができます。「免疫を持たない人が感染者に接触することによって感染が起きます。SIR モデルでは, 人口集団は一様に混ざり合って, 集団中の任意の 2 人は, 単位時間当り等しい確率 β で有効な接触をすると考えます。すると接触数は, 免疫を持たない人の数 S と感染者の数 I の積に比例することになります。免疫を持たない人が多くても感染者が少なければ, 積の値は小さくなりますし, 逆に, 感染者が多くても免疫を持たない人が少なければ, 免疫を持たない人の数 S の減り具合はゆっくりになるのです。感染症が広がると免疫を持たない人は減るので, 右辺の符号は負になります。」これが式 (5.13 a) の意味です。

つぎに式 (5.13 b) を見てみましょう。

$$
I'(t) = \beta S(t)I(t) - \gamma I(t)
$$

この式の左辺は単位時間当りの感染者数の変化率です。右辺の第 1 項は, 式 (5.13 a) の右辺の符号を変えたものです。右辺全体は, 免疫を持たない人が減った分, 感染者が増えるということですが, そのうち, 割合 γ の人が回復するので, 回復者数 $\gamma I(t)$ だけ感染している人の数は減る, ということを表しているのです。

式 (5.13 c) である

$$R'(t) = \gamma I(t)$$

の左辺はもちろん，単位時間当りの回復者数の変化率ですが，感染者数 $I(t)$ のうち，割合 γ だけ回復するので，両者をイコールで結んだものになっています。

式 (5.13 b) の両辺を $I(t)$ で割って

$$\frac{I'(t)}{I(t)} = \beta S(t) - \gamma$$

としたうえで，この両辺を t について積分すれば

$$\log I(t) = \int_0^t (\beta S(u) - \gamma) du + \log I(0)$$

となります。つまり

$$I(t) = I(0) \exp \left\{ \int_0^t (\beta S(u) - \gamma) du \right\} \tag{5.15}$$

と考えることができます。ここで，t が小さければ，$S(u) \approx S(0)$ $(0 \leq u \leq t)$ と考えられるので，式 (5.15) は

$$I(t) \approx I(0) \exp \left\{ (\beta S(0) - \gamma) t \right\}$$

となります。t が小さいときの感染者数 $I(t)$ の振舞いは，$S(0) = N$ として

$$\beta S(0) - \gamma = \beta N - \gamma$$

の符号で決まることになります。つまり

$$\beta N - \gamma > 0$$

であれば（初期の）感染者数は指数関数的に増加し，逆に負であれば指数関数的に減少します。

そこで

$$R_0 = \frac{\beta N}{\gamma}$$

を指標とすることを考えます。これを**基本再生産数**（basic reproduction number）といいます[†]。R_0 は，**アール・ノート**（R naught）または**アール・ゼロ**（R zero）のように読まれます。$1/\gamma$ は，感染からの回復率が指数分布している場合の平均待機時間で，回復・隔離されるまでの間の

[†]　$R_0 = \beta S(0)/\gamma$ とする記述がありますが，感染症の数理モデルを専門とする先生によると，現在では，$R_0 = \beta N/\gamma$ とするのが正しいとのことです。つまり，全体の感受性保持者の平衡点は $(N, 0, 0)$ なので，そこでの線形化方程式から定義されると考えたことに相当します。

平均的な感染期間の長さになっています†。$R_0 > 1$ であれば指数関数的に増加，$R_0 < 1$ であれば指数関数的に減少するのです。あくまで初期の振舞いですが，$R_0 = 1$ のときは増えも減りもしないことになります。周囲に $S(0)$ 人感染させる相手がいるので，単位時間当り $\beta S(0) = \beta N$ で2次感染者をつくりだします。ということは，自分が感染者でいる間に $R_0 = \beta N/\gamma$ だけの2次感染者をつくりだすことになり，その感染者1人当りの2次感染者数が1人より多ければ，感染が急激に増加するというわけです。わかりやすい理屈ですが，感染者1人が他人に感染させる頻度は均一であると仮定されていることに注意が必要です。

西浦・稲葉[26] には，基本再生産数の意味についてつぎのような明快な説明があります。ここでも均一性が仮定されているという注意が与えられています。

「R_0 が持つ意義を最も簡単に理解するためには決定論的モデルで考えた予防接種率の達成目標の例が有名である．ある集団において効果（efficacy）が ϵ $(0 < \epsilon < 1)$ のワクチン接種を接種率 p $(0 < p < 1)$ で実施した場合，未接種者割合は $1 - p$ であり，免疫を保持しない者の割合は $1 - \epsilon p$ である．流行は免疫を保持しない者の間で見られるので，均一（Homogeneous）な接触パターンにおける再生産数は $(1 - \epsilon p)R_0$ となる．これが1未満になれば感染症は終息するのだから，流行終息の条件は $(1 - \epsilon p)R_0 < 1$ で与えられる．これを p について解けば，$p > (1/\epsilon) \times (1 - (1/R_0))$ であり，ワクチン効果が明らかであれば R_0 に従ってワクチン接種率目標を大まかに設定することに役立ってきた．」

この考え方に基づくと，$R_0 = 1.4$ の感染症に対しては，効果80％（$\epsilon = 0.8$）のワクチンが開発された場合，感染拡大を止めるのに必要な接種率は

$$p > \frac{1}{\epsilon} \times \left(1 - \frac{1}{R_0}\right) = \frac{1}{0.8} \times \left(1 - \frac{1}{1.4}\right) \approx 0.3572$$

となるので，約35.72％以上の人に接種すれば感染が止まるということになります。$1 - 1/R_0$ は，**臨界免疫化割合**（herd immunity level）と呼ばれます。

ファイン[27] のまとめによると，R_0 の推定値は，麻疹では12〜18，おたふく風邪では4〜7，風疹では6〜7，百日咳では12〜17であるとされています。ミルズら[28] は，スペイン風邪の R_0 の推定値は，2〜3だったとしています。R_0 は，感染症固有の量ではなく，発生した時代背景や社会の仕組み，気温などの条件によっても変化する量だということに注意が必要です。

5.2.2 Python で SIR モデルを解いてみよう

SIR モデルのプログラムを示し，その挙動を見ながら，あれこれ調べてみることにしましょう。**リスト 5.7** のプログラムを実行すると，**図 5.16** が表示されます。簡単のため，以下，シミュレーションでは，個体の総数は $N = 1$ とします。

---

† 確率分布に関しては本書の範囲外なので説明しませんが，統計関係の教科書を見れば説明があると思います。

—————— リスト **5.7**（SIR.py）——————

```python
import numpy as np
from scipy.integrate import odeint
import matplotlib.pyplot as plt

# SIR differential equation
# S = SIR[0], I = SIR[1], R = SIR[2]
def SIReq(SIR, t, beta, gamma):
    dSdt = -beta*SIR[0]*SIR[1]
    dIdt = beta*SIR[0]*SIR[1] - gamma*SIR[1]
    dRdt = gamma*SIR[1]

    return [dSdt, dIdt, dRdt]

t = np.linspace(0, 30, 1000) # time
beta = 1; gamma = 0.2 # parameters

initvar = [0.9, 0.1, 0]  # [S(0), I(0), R(0)]
SIRlist = odeint(SIReq, initvar, t, args=(beta, gamma))

fig, ax = plt.subplots()
ax.set_xlabel('time')
ax.set_ylabel('population')
ax.set_title(r'Time evolution of $(S(t), I(t), R(t))$')
ax.grid()
ax.plot(t, SIRlist[:,0], linestyle="solid", label="S", color = "black")
ax.plot(t, SIRlist[:,1], linestyle="dotted", label="I", color = "black")
ax.plot(t, SIRlist[:,2], linestyle="dashed", label="R", color = "black")
ax.legend(loc=0)
fig.tight_layout()
plt.show()

print('R0 =', beta/gamma)
```

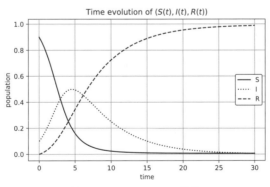

図 5.16 SIR モデルの挙動

解の挙動について述べる前に，プログラムについて簡単に説明します。ここでも odeint 関数を使っています。これまでと同様に，SIReq という関数を微分方程式の書式で定義しています。SIR というのは，S, I, R の値のリストで，SIR[0] が S，SIR[1] が I，SIR[2] が R です。微分方程式の書式は式 (5.13 a) ときれいに対応しています。式 (5.13 a) を解いているの

は，18 行目です。17 行目で初期値のリスト initvar を $[S(0), I(0), R(0)]$ で定義しています。
この初期値に対する初期値問題を 18 行目で odeint 関数を使って解いているわけです。解くべ
き微分方程式の関数 SIReq，初期値のリスト initvar，パラメータ β，γ を与えるとその数値
解を求め，結果をまとめてリストにしています。25 行目から 27 行目では，S，I，R それぞれ
の値をプロットしています。ここでは，色指定をすべて黒にしていますが，これは印刷のため
で，実際には黒に揃える必要はありません。

　総数 $S + I + R$ が一定ですから，S，I を決めれば，R は自動的に決まります。結局，SIR
モデルの挙動は，つぎの S，I の微分方程式系だけで定まります。

$$\begin{cases} S'(t) = -\beta S(t)I(t) \\ I'(t) = \beta S(t)I(t) - \gamma I(t) \end{cases} \tag{5.16}$$

SI 平面での動きを見てみましょう。**リスト 5.8** のプログラムを動かしてみてください。

────── **リスト 5.8**（SIR_SI.py）──────

```
 1  import numpy as np
 2  from scipy.integrate import odeint
 3  import matplotlib.pyplot as plt
 4
 5  # SIR differential equation
 6  # S = SIR[0], I = SIR[1], R = SIR[2]
 7  def SIReq(SIR, t, beta, gamma):
 8      dSdt = -beta*SIR[0]*SIR[1]
 9      dIdt = beta*SIR[0]*SIR[1] - gamma*SIR[1]
10      dRdt = gamma*SIR[1]
11
12      return [dSdt, dIdt, dRdt]
13
14  t = np.linspace(0, 30, 1000) # time
15  beta = 1; gamma = 0.2 # parameters
16
17  initvar = [0.9, 0.1, 0]  # [S(0), I(0), R(0)]
18  SIRlist = odeint(SIReq, initvar, t, args=(beta, gamma))
19
20  fig, ax = plt.subplots()
21  ax.set_xlabel('S')
22  ax.set_ylabel('I')
23  ax.set_title(r'$(S(t), I(t))$')
24  ax.grid()
25  ax.plot(SIRlist[:,0], SIRlist[:,1], linestyle="solid", color = "black")
26  fig.tight_layout()
27  plt.show()
```

　両方の微分が 0 になる平衡点は $I = 0$ または，$\beta S - \gamma = 0$ のときです。つまり，$S = \gamma/\beta$
のときになります。この S の値を S^* と書くことにしましょう。**図 5.17** における山の頂上は，
この S^* で達成されます。ただし，$S(t)$ は単調減少（$S'(t) = -\beta S(t)I(t) < 0$）なので，$t = 0$
においては，右下にあります。実際

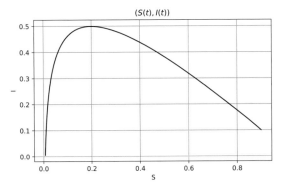

図 5.17 SIR モデルの SI 平面での挙動

$$\frac{dI}{dS} = \frac{dI}{dt} \cdot \left(\frac{dS}{dt}\right)^{-1} = -\frac{\beta S(t)I(t) - \gamma I(t)}{\beta S(t)I(t)} = -1 + \frac{\gamma}{\beta S(t)}$$

となることからもわかります。$S(t)$ は単調減少であり，明らかに 0 以上ですので，極限値 $\lim_{t\to\infty} S(t) = S_\infty$ が存在します。一方，$I(t)$ も $S < S^* = \gamma/\beta$ という領域では単調減少で非負の極限が存在しますが，そのような極限は均衡点でなければならないので，$\lim_{t\to\infty} I(t) = 0$ になるはずです。S^* は，それ以下では流行が起きない臨界サイズということになります。上で求めた I の S を変数としたときの微分方程式

$$\frac{dI}{dS} = -1 + \frac{S^*}{S(t)} \tag{5.17}$$

の両辺を S で積分することにより，つぎの解が得られます。

$$I(t) = I(0) + S(0) - S(t) + S^* \log \frac{S(t)}{S(0)}$$

ここで，$t \to \infty$ とすると

$$0 = I(0) + S(0) - S_\infty + S^* \log \frac{S_\infty}{S(0)}$$

となります。また，ここで

$$p(t) = \frac{S(0) - S(t)}{S(0)} = 1 - \frac{S(t)}{S(0)}$$

とすれば $p_\infty = \lim_{t\to\infty} p(t)$ は，この流行において最初の感受性保持者 $S(0)$ から除去される人口比になります。つまり，流行の最終規模（流行のサイズ）ということになります。極限において，つぎの等式が成り立ちます。

$$1 - p_\infty = \exp(-R_0 p_\infty - \zeta)$$

ここで，$\zeta = \beta I(0)/\gamma$ は，最初の感染人口で定まる 2 次感染者数（比）です。この方程式はただ 1 つの解を持ちます。この解は，$\zeta \to 0$ としたとき，$R_0 > 1$ であればある正の値に収束しますが，$R_0 \leqq 1$ であれば 0 に収束することがわかっています。$\zeta = 0$ としたときの方程式

$$1 - p_\infty - \exp(-R_0 p_\infty) \tag{5.18}$$

を**最終規模方程式**（final size equation）といいます。式 (5.18) が $R_0 > 1$ で $0 < p < 1$ の範囲にただ 1 つの解を持つことを示しておきましょう。$g(p) = 1 - p - \exp(-R_0 p)$ とすると，$g'(p) = -1 + R_0 \exp(-R_0 p)$ であり，これが 0 となるのは

$$p_0 = \frac{\log R_0}{R_0}$$

のときです。$R_0 > 1$ の範囲では

$$\frac{d}{dR_0}\left(\frac{\log R_0}{R_0}\right) = \frac{1 - \log R_0}{R_0^2}$$

となりますから，この関数 $\dfrac{\log R_0}{R_0}$ は，$R_0 = e$ で最大値 $1/e \approx 0.3678794$ を取ります。つまり，$R_0 > 0$ の範囲で，$0 < p_0 \leq 1/e$ となるわけです。また，$g'(p)$ は明らかに単調減少で $g'(0) = R_0 - 1 > 0$ ですから，$p = p_0$ を境に正から負に変化します。よって，$g(p)$ は，$p = p_0$ で最大値

$$g(p_0) = 1 - p_0 - \exp(-R_0 p_0) = 1 - \frac{\log R_0}{R_0} - \frac{1}{R_0}$$

を取ります。R_0 が大きくなると p_∞ も大きくなる（1 に近づく）ことは容易にわかります。

SIR モデルに従う感染症の流行は，感染者人口が消滅することによって終息するのであって，感受性保持者の人口の消滅によってではないということなのですが，これはちょっと意外です。数値解は，**リスト 5.9** のプログラムを実行することで求まります。

──────── **リスト 5.9**（fsolve.py）────────

```
1 from scipy import optimize
2 import numpy as np
3
4 R0 = 2
5 def f(x):
6     return 1 - x - np.exp(-R0*x)
7
8 print(optimize.fsolve(f,1))
```

リスト 5.9 のプログラムにおいて，8 行目の `oprimize.fsolve(f, 1)` とある部分で，数値解の計算を行っています。f は，$f(x) = 0$ の左辺の関数で，右にある 1 は反復計算の初期値です。解が複数ある場合は，そのうちの 1 つが求まります。試しに $R_0 = 2$ のときの解を求めてみると $p_\infty = 0.79681213$，$R_0 = 3$ のときの解は，$p_\infty = 0.94047979$ となります。

5.2.3　SEIR モデル

SIR モデルでは，潜伏期間を考慮していませんでしたので，これをトッピングしてみましょう。**SEIR モデル**（SEIR model）は，潜伏期間中の人（exposed）を加えたモデルで，つぎの微分方程式系で表されます。

$$\begin{cases} S'(t) = -\beta S(t)I(t) & \text{(5.19a)} \\ E'(t) = \beta S(t)I(t) - \epsilon E(t) & \text{(5.19b)} \\ I'(t) = \epsilon E(t) - \gamma I(t) & \text{(5.19c)} \\ R'(t) = \gamma I(t) & \text{(5.19d)} \end{cases}$$

感染は $S \to E \to I \to R$ の順，つまり，免疫を持たない人が感染し，潜伏期間の後に発症，回復する，という流れを想定しているわけです。$\epsilon \, (> 0)$ は新しいパラメータですが，これは発症率です。式 (5.19b)，式 (5.19c) は，SIR モデルのときと考え方は大体同じですが，感染し（その割合は，$\beta S(t)I(t)$），その感染者のうち ϵ だけが発症して（$\epsilon E(t)$），その分が式 (5.19c) に加わり，$\gamma I(t)$ だけ回復して抜けていき，それが式 (5.19d) の右辺に加わるということになっているのです。

SEIR モデルにおいても，SIR モデルと同様

$$(S(t) + E(t) + I(t) + R(t))' = 0$$

となっていますから，$S(t) + E(t) + I(t) + R(t)$ は時間によらない定数ということになります。この定数は，SIR モデルのときと同様に個体の総数 N です。$S(t) + E(t) + I(t) + R(t) = N$ ですから，微分方程式の振舞いは，S, E, I のみで記述されます。つまり，式 (5.19a) においては

$$S'(t) = -\beta S(t)I(t)$$
$$E'(t) = \beta S(t)I(t) - \epsilon E(t)$$
$$I'(t) = \epsilon E(t) - \gamma I(t)$$

が微分方程式の本体ということになります。式 (5.19c) を E について解いて，式 (5.19b) に代入して整理すると，つぎの I に関する 2 階の微分方程式が得られます（$I(t)$ の (t) は省略しています）。

$$I'' + (\gamma + \epsilon)I' + \epsilon(\gamma - \beta S(t))I = 0 \tag{5.20}$$

式 (5.20) の $t \approx 0$ 付近では，$S(t) \approx S(0) = N$ とした定数係数 2 階線形微分方程式とみなすことができます。このとき，特性方程式は

$$\lambda^2 + (\gamma + \epsilon)\lambda + \epsilon(\gamma - \beta N) = 0 \tag{5.21}$$

となります。式 (5.21) の解を λ_1, λ_2 とすると

$$I \approx C_1 e^{\lambda_1 t} + C_2 e^{\lambda_2 t}$$

となります。

t が小さいところでの振舞いは，λ_1, λ_2 の符号で決まります。もし，$\lambda_1 \lambda_2 = \epsilon(\gamma - \beta N) < 0$

(すなわち, $\dfrac{\beta N}{\gamma} > 1$) であれば, λ_1, λ_2 はいずれも実数解で, いずれかは正でなければなりません。$\dfrac{\beta N}{\gamma} = 1$ であれば

$$\lambda = 0, \ -(\gamma + \epsilon) < 0$$

となるので, I は減衰項と定数の和になっているはずです。$\dfrac{\beta N}{\gamma} < 1$ であれば, 特性方程式の判別式は

$$D = (\gamma + \epsilon)^2 - 4\epsilon(\gamma - \beta N) = \gamma^2 + 2\gamma\epsilon + \epsilon^2 - 4\epsilon\gamma + 4\epsilon\beta N$$
$$= (\gamma - \epsilon)^2 + 4\epsilon\beta N > 0$$

となりますので, λ_1, λ_2 はともに実数です。2 つの解は, 具体的に, つぎのように書けます。

$$\lambda = \frac{1}{2}\{-(\gamma + \epsilon) \pm \sqrt{(\gamma - \epsilon)^2 + 4\epsilon\beta N}\}$$

ここで

$$(\gamma + \epsilon)^2 - \{(\gamma - \epsilon)^2 + 4\epsilon\beta N\}$$
$$= 4\gamma\epsilon - 4\epsilon\beta N = 4\epsilon(\gamma - \beta N) > 0$$

となるので $|\gamma + \epsilon| > \sqrt{(\gamma - \epsilon)^2 + 4\epsilon\beta N}$ であること, すなわち, λ_1, λ_2 はいずれも負であり, I は指数減衰することがわかります。このように, t が 0 に近いところにおける系の振舞いは

$$R_0 = \frac{\beta N}{\gamma}$$

の値が 1 より大きいか小さいかで決まることになります。これは SIR モデルとまったく同じです。これを SIR モデルのときと同様に SEIR モデルの**基本再生産数**と呼びます。

　基本的な事項の説明が終わりましたので, **リスト 5.10** のプログラムで解の挙動を見てみましょう (5.2.2 項でも述べましたが, シミュレーションでは, $N = 1$ としています)。

―――――――――――――――― リスト 5.10 (SEIR.py) ――――――――――――――――

```
 1  import numpy as np
 2  from scipy.integrate import odeint
 3  import matplotlib.pyplot as plt
 4
 5  # SEIR differential equation
 6  # S = SEIR[0], E = SEIR[1], I = SEIR[2], R = SEIR[3]
 7  def SEIReq(SEIR, t, beta, gamma, epsilon):
 8      dSdt = -beta*SEIR[0]*SEIR[2]
 9      dEdt = beta*SEIR[0]*SEIR[2]-epsilon*SEIR[1]
10      dIdt = epsilon*SEIR[1] - gamma*SEIR[2]
11      dRdt = gamma*SEIR[2]
12
13      return [dSdt, dEdt, dIdt, dRdt]
14
```

```
15  t = np.linspace(0, 50, 1000) # time
16  beta = 1; gamma = 0.1; epsilon = 0.3 # parameters
17
18  initvar = [0.99, 0, 0.01, 0]  # [S(0), E(0), I(0), R(0)]
19  SEIRlist = odeint(SEIReq, initvar, t, args=(beta, gamma, epsilon))
20
21  fig, ax = plt.subplots()
22  ax.set_xlabel('time')
23  ax.set_ylabel('population')
24  ax.set_title(r'Time evolution of $(S(t), E(t), I(t), R(t))$')
25  ax.grid()
26  ax.plot(t, SEIRlist[:,0], linestyle="solid", label="S", color = "black")
27  ax.plot(t, SEIRlist[:,1], linestyle="dotted", label="E", color = "black")
28  ax.plot(t, SEIRlist[:,2], linestyle="dashed", label="I", color = "black")
29  ax.plot(t, SEIRlist[:,3], linestyle="dashdot", label="R", color = "black")
30  ax.legend(loc=0)
31  fig.tight_layout()
32  plt.show()
33
34  print('R0 =', beta/gamma)
```

リスト 5.10 のプログラムを実行すると，**図 5.18** が表示され，コンソールに R_0 の値が表示されます。微分方程式の本体は，7 行目から 13 行目で定義した **SEIReq** になります。このプログラムでは，初期値は合計 1 になるように適当に振り分けており，時間は，15 行目で 0 から 50 までを 1000 分割しています。

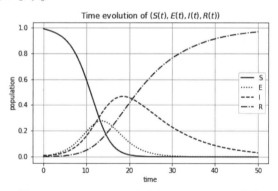

図 5.18 SEIR モデルにおける S, E, I, R の挙動

5.2.4 現実データへの当てはめ

ここまできたら，感染症の数理モデルを現実のデータに当てはめてみたくなるのではないでしょうか。現実のデータへの当てはめにはいろいろと厄介な問題があるのですが，細かい話は後にして，東京都の感染第一波のデータに SIR モデルを当てはめてみましょう。

リスト 5.11 のプログラムの 8 行目の **COVID-tokyo1stwave.csv** は，東京都における 2020 年 2 月 13 日から 5 月 23 日までの感染確認数のデータです。リスト 5.11 のプログラムは，この感染確認数のデータを読み込んで，最小二乗法でデータに当てはめて，SIR の $I(t)$ の値を重ね描きするものです。

リスト 5.11 (SIRfitting.py)

```
1  import numpy as np
2  import matplotlib.pyplot as plt
3  from scipy.integrate import odeint
4  from scipy import optimize
5  import csv
6
7  # loading csv-file
8  f = open("./COVID-tokyo1stwave.csv", "r", encoding="ms932", errors="",
       newline="" )
9  fcsv = csv.reader(f, delimiter=",", doublequote=True, lineterminator="\r\n",
       quotechar='"', skipinitialspace=True)
10
11 next(f) # skip to the header of the csv-file
12
13 cases = []
14 for row in fcsv:
15     cases.append(int(row[1]))
16
17 Tokyo = 13999568 # the population of Tokyo in 2020
18 normalized_cases = np.array(cases, dtype = float)/Tokyo
19 days = len(cases)
20 t = np.arange(days)
21 # initial values
22 I0 = normalized_cases[0]; S0 = 1.0 - I0; R0 = 0.0
23
24 # SIR differential equation
25 # S = SIR[0], I = SIR[1], R = SIR[2]
26 def SIReq(SIR, t, beta, gamma):
27     dSdt = -beta*SIR[0]*SIR[1]
28     dIdt = beta*SIR[0]*SIR[1] - gamma*SIR[1]
29     dRdt = gamma*SIR[1]
30
31     return [dSdt, dIdt, dRdt]
32
33 def I(t, beta, gamma):
34     SEIRlist = odeint(SIReq, (S0, I0, R0), t, args = (beta, gamma))
35     return SEIRlist[:,1]
36
37 optparams, cov = optimize.curve_fit(I, t, normalized_cases)
38 print('R0=',optparams[0]/optparams[1])
39 fitted = I(t, *optparams)
40
41 plt.scatter(t, cases)
42 plt.plot(t, fitted*Tokyo)
43 plt.xlabel('the number of days from 2020/2/13')
44 plt.ylabel('the number of confirmed cases in Tokyo')
45 plt.show()
46 f.close() # close the csv-file
```

実行すると，**図 5.19** が描かれます。黒丸の点が実際の感染確認数で，曲線が SIR モデルを当てはめたときの I の曲線です。参考までに R_0 の推定値（$1.0046\cdots$）を表示しますが，非常に 1 に近い値です。それもそのはずで，もし，（自粛も何もなくて，自然に）この程度で感染が

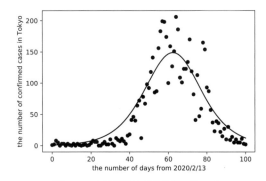

図 5.19 東京都での感染第一波への
SIR モデルの当てはめ

収まったのだとしたら，感染力は非常に弱いことになるからです。

リスト 5.11 のプログラムについて簡単に説明しておきましょう。5 行目は（見ればわかると思いますが）csv ファイルの処理のためのライブラリです。8 行目はカレントディレクトリ（フォルダ）にある COVID-tokyo1stwave.csv を読み込んで，f というファイルオブジェクトをつくっています。9 行目では，このファイルオブジェクトを csv ファイルとして読み込んでいます。11 行目では，ファイルのヘッダ部分を読み飛ばしています。このうち，感染確認数は 2 列目のデータなので，これを cases というリストにしているのが，13 行目から 15 行目の処理です。17 行目は東京都の人口で，18 行目では，規格化（全体を 1 に）するために，cases を東京の人口で割ったデータを用意しています。データタイプは float 型です。22 行目では，初期値の設定をしています。26 行目から 31 行目は，すでに説明した SIR モデルの方程式です。33 行目から 35 行目は，SIR モデルのうち感染者数の値だけを取り出す関数を定義しています。37 行目が曲線の当てはめを行っている部分です。optimize.curve_fit は 1.2.2 項で使った optimize.leastsq 関数と中身は同じで，やっていることは非線形最小二乗法ですが，インタフェースが圧倒的にスマートです。そもそも話が複雑なので，このあたりは便利なライブラリの力を借りましょう。39 行目では，パラメータをまとめて I に渡すために，*optparams という記述がありますが，特に変わったことをしているわけではありません。最終行では，open したファイルを close しています。

図 5.19 を見ると，ぴったりというわけではないにしても，感染確認数がふらついていることを考えると，悪くない近似のようにも見えます。SEIR モデルにすればさらに当てはまりはよくなります。

こうなると，感染症の数理モデルを現実のデータに当てはめて予測したいと思うのが人情ですが，話はそう単純ではありません。

ここでやったことは，すでに起きたことに曲線を当てはめているだけで，いわば後知恵です。じつは，東京で初めて感染が確認されたのは，2020 年 1 月 24 日ですが，ここでは，起点を 2 月 13 日に取っています。これは恣意的な操作です。多数の感染者ゼロの日があったのですが，

これが当てはまりを悪化させるためカットしたのです。その後も感染拡大の局面がありましたが，どこで第一波が終わったと判断するかには任意性があります。ここでは 5 月 23 日までにしていますが，これが適切である根拠は希薄です。また，感染者数の報告データは曜日や祝日，検査数に影響を受けていますが，それは考慮されていません。また，さらに重要なことですが，国外からの入国者の影響や緊急事態宣言などによる自粛効果も計算に入っていません。

SIR, SEIR モデルは微分方程式ですから，初期値から未来が完全に決定する決定論的なモデルで，偶然の要素が含まれていません。決定論的なモデルは，流行の定性的振舞いを理解するのに役立ちますが，データに当てはめる際には，確率論的なモデルを考える必要があります。

SIR, SEIR モデルの核心部分は，S と I の積の項です。これはすでに説明したとおり，感染者が不特定多数の免疫を持たない人と均等に接触し，1 人が平均して R_0 人に感染を拡大する（そのばらつきは小さい）という前提でモデルが構築されているということですが，これは現実を単純化しすぎています。これらの問題を解決するため，人口の異質性（成人は成人どうし，子どもは子どもどうしで集まる傾向があるなど）を考慮したり，流行のハブになるスーパースプレッダーの存在を仮定した SIR, SEIR モデルも考案されています。微分方程式は現象のメカニズムを記述するものなので，メカニズムがわからないと予測は不完全なものにならざるを得ません。新しい感染症に関しては，メカニズムに不明な点が多いので，プレーンなモデルを当てはめざるを得ず，有効な予測が難しいのです。

単に曲線を当てはめるだけなら，それらしく見せる方法はいろいろあります。例えば，デザインなどで利用されるスプライン曲線やベジエ曲線の技術を使えば，きれいで，当てはまりもよい曲線が書けるでしょう。しかし，これらは感染拡大のメカニズムについて何の知識も与えてはくれません。SIR, SEIR モデルに代表される感染症の数理モデルは，感染拡大のメカニズムを記述している点（このようなモデルは**機構的なモデル**（mechanistic model）と呼ばれます）が重要です。これによって当てはまりがよくない，予測がうまくいかないとき，それらが何に起因するか検討することが可能になるのです。

────── 章 末 問 題 ──────

問題 5-84 （**数学**）　式 (5.1) の初期値 $x(0) = 1$ に対する解が

$$x = 2e^{\sin t} - 1$$

であることを示してください。

問題 5-85 （**Python**）　式 (5.1) を odeint 関数で解いた数値解と厳密解

$$x = 2e^{\sin t} - 1$$

のグラフを重ね描きしてください。

問題 5-86 **(Python)**　odeint 関数を使ってつぎの解曲線の様子を調べてください。

$$\begin{cases} \dfrac{dx}{dt} = x + y - x(x^2 + y^2) \\ \dfrac{dy}{dt} = -x + y - y(x^2 + y^2) \end{cases} \tag{5.22}$$

また，原点以外の初期値から出発した解曲線が円 $x^2 + y^2 = 1$ に近づいていくことを（計算で）示してください[15]。

問題 5-87 **(数学)**　定理 5.2 を応用して，つぎの微分方程式が原点を囲む安定な極限周期軌道をただ1つ持つことを示してください。

$$\frac{d^2x}{dt^2} + f(x)\frac{dx}{dt} + g(x) = 0$$

ここで，$f(x) = \dfrac{x^4 + 4x^2 - 1}{(x^2 + 1)^2}$, $g(x) = x$ とします。なお

$$F(x) = \frac{x^3 - x}{x^2 + 1}$$

に対し，$f(x) = F'(x)$ になっています（ペルコ[20]，p.257 Example 1）。

問題 5-88 **(Python)**　streamplot を利用して問題 5-87 の微分方程式系の相図を描いてください。

問題 5-89 **(Python)**　時間区間を延長して，図 5.15 のような図を描いてください。

問題 5-90 **(数学)**　ローレンツ方程式の平衡点を求めてください。

問題 5-91 **(Python)**　リスト 5.5 のプログラムを利用して $r < 1$ のときのローレンツ方程式の原点が漸近安定になっている（らしい）ことをいくつかの初期値について確認してください。

問題 5-92 **(Python)**　リスト 5.5 のプログラムを修正して，**レスラー方程式**（Rössler equation）

$$\frac{dx}{dt} = -y - z$$
$$\frac{dy}{dt} = x + ay$$
$$\frac{dz}{dt} = b + xz - cz$$

の数値解を求めてください。ただし，$a = 0.2$, $b = 0.2$, $c = 5.7$ としてください。t の範囲は長めに取るとよいでしょう。何が見えましたか。

問題 5-93 **(Python)**　リスト 5.9 のプログラムを参考にして，方程式 $f(x) = xe^{-x} + x - 1 = 0$ の数値解を求めてください。

問題 5-94 **(Python)**　文献29) に従って，SEIR モデルに季節変動項を導入することを考えます。この文献では，SEIR モデルをつぎの形で定義しており，m という新たなパラメータが登場します。$m = 0$ の場合が，もとの SEIR モデルに対応しています。

$$\begin{cases} S'(t) = m(1 - S) - \beta S(t)I(t) \\ E'(t) = \beta S(t)I(t) - (m + \epsilon)E(t) \\ I'(t) = \epsilon E(t) - (m + \gamma)I(t) \\ R'(t) = \gamma I(t) - mR(t) \end{cases} \tag{5.23}$$

この文献では，β に周期的な変動を導入し

$$\beta(t) = \beta_0(1 + \beta_1 \cos 2\pi t)$$

としています（文献では，季節変動項を seasonal component といっています）。$0 < \beta_1 \leqq 0.3$ の範囲に取って，解の挙動を調べています。β_0 は**平均的な接触率**（average contact rate）ですが，これに時間変動が加わって季節によって接触率が変わる場合を表現しています。例えば，子どもが学校に通っている間は接触率が上がり，長期の休みに入ると下がる，というような状態に対応します。リスト 5.10 のプログラムを参考にこのモデルを実装し，解の挙動を調べてください。

6

Pythonで数値解析

5章では，微分方程式のソルバ odeint を使っていろいろな問題を解いてきました。6章では
ソルバの中身にあたる数値計算の仕組みについて学びます。目標は，自力で微分方程式の数値
計算プログラムが書けるようになることです。

6.1　基本的な数値計算アルゴリズム

微分方程式の数値計算をいろいろと経験すると，計算結果が本物かどうか確信できなくなる
ことがあります。それは，5.1.3項で見たようなカオスのせいかもしれないし，何らかの数値計
算上の不都合が生じているからかもしれません。そんなとき，odeint のように何でも自動で
やってくれるソルバは，何でもやってくれるがゆえに，「何が原因でこのような結果になってい
るのかわからない」ということになりがちです。その点，自分でつくったものなら，どのよう
な動きをするか完全に把握できます。本章ではソルバを<u>自分でつくる</u>ための基礎知識を提供し
ます。

odeint 関数で使われているアルゴリズムについて触れる前に，歴史的に重要で，かつ比較的
シンプルな公式を2つ紹介しておきましょう。

6.1.1　オ イ ラ ー 法
初期値問題
$$\begin{cases} \dfrac{dx}{dt} = f(t,x) & (a \leqq t \leqq b) \\ x(a) = x_0 \end{cases} \tag{6.1}$$
を数値計算で解く方法を考えましょう。最も素朴な方法は，$\dfrac{dx}{dt}$ を微分の定義に立ち戻って，小
さな h に対して
$$\frac{x(t+h) - x(t)}{h}$$
で置き換えることでしょう。区間 $[a,b]$ を n 等分すると，$h = \dfrac{b-a}{n}$ となります。
$$t_j = a + jh$$
とすれば

$$\frac{x(t_{j+1}) - x(t_j)}{h} \approx f(t_j, x(t_j))$$

となるでしょう。そこで，x_0 を与えたうえで，漸化式（差分方程式）

$$\frac{x_{j+1} - x_j}{h} \approx f(t_j, x_j)$$

を解けばよいのではないでしょうか。つまり，$x(0) = x_0$ として

$$x_{j+1} = x_j + hf(t_j, x_j) \quad (0 \leqq j \leqq n-1) \tag{6.2}$$

という漸化式に従って数列 $x_0, x_1, \cdots, x_n$ をつくるわけです。この数列を微分方程式の解の近似値とする方法は，**オイラー法**（Euler method）と呼ばれています。

ここで微分方程式の初期値問題 (6.1) を解く数値計算アルゴリズム（公式）の一般な形を書いておきましょう。

$$x_{j+N} = \sum_{k=j}^{j+N-1} \alpha_k x_k + h\Phi(t_j, \cdots, t_{j+N}, x_j, \cdots, x_{j+N}, h) \tag{6.3}$$

ここで，$\sum_{k=j}^{j+N-1} \alpha_k = 1$ としました。Φ は，f から定まる関数です。式 (6.3) の公式を **N 段法**（N-step method）といいます。オイラー法は，$N = 1$ の場合にあたりますから 1 段法です。$N \geqq 2$ の場合は**多段法**（multistep method）といいます。多段法の場合，最初の $x_1, \cdots, x_{N-1}$ を別の方法で決めておく必要があります。h を**刻み幅**（step size）といいます。1 段法の別の例と多段法については後ほど説明します。

オイラー法はとても素直な方法です。少しプログラムを動かしてみましょう。**リスト 6.1** は，オイラー法で，初期値問題

$$\begin{cases} \dfrac{dx}{dt} = x \quad (0 \leqq t \leqq 3) \\ x(0) = 1 \end{cases}$$

を解いた数値解と厳密解 $x(t) = e^t$ を重ね描きしたもの（**図 6.1**）を表示するプログラムです。実行してみてください。なお，本章では，刻み幅 h が明示的にわかるように書いています。これは 5.1.3 項で述べたように，odeint 関数では適応刻み幅制御が行われるため，ユーザは，実際の数値計算で使われている h を意識する必要はありませんが，数値計算アルゴリズムを理解するうえでは，h をはっきりさせたほうがよいと判断したためです。

―――――――― リスト 6.1（Euler.py）――――――――

```
1 import matplotlib.pyplot as plt
2 import numpy as np
3
4 fig, ax = plt.subplots()
5
6 ax.set_xlabel('t')
```

```
 7  ax.set_ylabel('x')
 8  ax.set_title('Euler method')
 9  ax.grid()
10
11  def f(t, x):
12      return x
13
14  x0 = 1; h = 0.1
15  t = np.arange(0, 3, h)
16  x = []
17  x.append(x0)
18  for j in range(len(t)-1):
19      x.append(x[j] + h*f(j*h, x[j]))
20
21  ax.plot(t, x)
22  ax.plot(t, np.exp(t),linestyle='dotted')
23  ax.legend(['numerical solution', 'exact solution'])
24  fig.tight_layout()
25  plt.show()
```

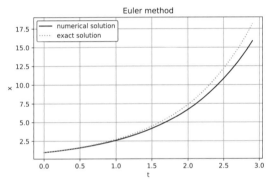

図 **6.1** オイラー法による数値解と厳密解の比較
$(h = 0.1)$

　図 6.1 は，$h = 0.1$ の場合の解で，誤差が大きくなっていますが，$h = 0.01$ にした場合（**図 6.2**）は厳密解とほとんど重なっていることがわかります。

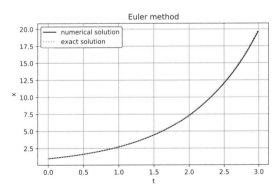

図 **6.2** オイラー法による数値解と厳密解の比較
$(h = 0.01)$

h を｜分小さく取れば，オイラー法で構成した数値解は厳密解に近づきます。オイラー法の収束を証明しておきましょう†。

定理 6.1　　初期値問題

$$\begin{cases} \dfrac{dx}{dt} = f(t,x) \quad (a < t < b) \\ x(a) = x_0 \end{cases}$$

において，f は連続で，x についてリプシッツ条件

$$|f(t,x_1) - f(t,x_2)| \leqq L|x_1 - x_2|$$

を満たし，2 階微分可能で，2 階微分が $[a,b]$ で連続な解が存在するなら，オイラー法の近似解 x_n は，$M = \max\limits_{a \leqq t \leqq b} |x''(t)|$ に対し

$$\max_{0 \leqq j \leqq n} |x(t_j) - x_j| \leqq \frac{Mh}{2L}(e^{L(b-a)} - 1)$$

を満たす。特に，刻み幅 h が 0 に収束するとき，上記の初期値問題の解に収束する。

証明　　$x(t)$ は，2 階微分可能で，2 階微分が連続なので，テイラーの定理から，ある ξ $(t < \xi < t+h)$ が存在して

$$x(t+h) = x(t) + x'(t)h + \frac{x''(\xi)}{2}h^2$$

と書くことができます。ここで，$x'(t) = f(t,x)$ を代入すると，ξ_j $(t_j < \xi_j < t_{j+1})$ が存在して，式 (6.4) が成り立ちます。

$$x(t_{j+1}) = x(t_j) + f(t_j, x(t_j))h + \frac{x''(\xi_j)}{2}h^2 \tag{6.4}$$

一方，オイラー法では

$$x_{j+1} = x_j + hf(t_j, x_j) \tag{6.5}$$

でしたから，式 (6.4) と式 (6.5) の差を取ることによって，式 (6.6) が得られます。

$$x(t_{j+1}) - x_{j+1} = x(t_j) - x_j + (f(t_j, x(t_j)) - f(t_j, x_j))h + \frac{x''(\xi_j)}{2}h^2 \tag{6.6}$$

$x(t)$ は 2 階微分が $[a,b]$ で連続なので，$M = \max\limits_{a \leqq t \leqq b} |x''(t)|$ が存在します。式 (6.6) とリプシッツ条件からつぎのように誤差評価ができます。

$$|x(t_{j+1}) - x_{j+1}| \leqq |x(t_j) - x_j| + |f(t_j, x(t_j)) - f(t_j, x_j)|h + \frac{|x''(\xi_j)|}{2}h^2$$

---

†　本節の記述では，山本[31] をおもに参照しました。

$$\leqq |x(t_j) - x_j| + Lh|x(t_j) - x_j| + \frac{M}{2}h^2$$

$$= (1 + Lh)|x(t_j) - x_j| + \frac{M}{2}h^2$$

この不等式を繰り返し使えば

$$|x(t_1) - x_1| \leqq (1 + Lh)|x(t_0) - x_0| + \frac{M}{2}h^2 = \frac{M}{2}h^2$$

$$|x(t_2) - x_2| \leqq (1 + Lh)|x(t_1) - x_1| + \frac{M}{2}h^2 = (1 + Lh)\frac{M}{2}h^2 + \frac{M}{2}h^2$$

$$|x(t_3) - x_3| \leqq (1 + Lh)|x(t_2) - x_2| + \frac{M}{2}h^2$$

$$= (1 + Lh)^2\frac{M}{2}h^2 + (1 + Lh)\frac{M}{2}h^2 + \frac{M}{2}h^2$$

$$\vdots$$

$$|x(t_n) - x_n| \leqq (1 + Lh)^{n-1}\frac{M}{2}h^2 + (1 + Lh)^{n-2}\frac{M}{2}h^2 + \cdots + \frac{M}{2}h^2$$

$$= \frac{(1 + Lh)^n - 1}{(1 + Lh) - 1}\frac{M}{2}h^2 = \frac{Mh}{2L}\{(1 + Lh)^n - 1\}$$

$$= \frac{Mh}{2L}\left\{\left(1 + \frac{L(b-a)}{n}\right)^n - 1\right\} \leqq \frac{Mh}{2L}(e^{L(b-a)} - 1)$$

が得られます。それぞれの不等式の右辺は，番号に対して単調に増加していますから，すべての番号 $j = 0, 1, \cdots, n$ に対して

$$|x(t_j) - x_j| \leqq \frac{Mh}{2L}(e^{L(b-a)} - 1)$$

が成り立ちます。これは，左辺の最大値が右辺で押さえられることを示しています。

最後の不等式で，$\left(1 + \dfrac{L(b-a)}{n}\right)^n \leqq e^{L(b-a)}$ であることを使いました。

$$\lim_{n \to \infty}\left(1 + \frac{L(b-a)}{n}\right)^n = e^{L(b-a)} \quad (n \to \infty)$$

ですから，この不等式を示すには，$\left(1 + \dfrac{L(b-a)}{n}\right)^n$ が n に対して単調非減少であることを示せばよいことになります。これは，つぎのように示すのが簡単でしょう。n 個の $1 + \dfrac{L(b-a)}{n}$ と 1 個の 1 に対して相加相乗平均の不等式を用いれば

$$\left\{\left(1 + \frac{L(b-a)}{n}\right)^n\right\}^{\frac{1}{n+1}} = \left\{1 \cdot \left(1 + \frac{L(b-a)}{n}\right)^n\right\}^{\frac{1}{n+1}}$$

$$\leqq \frac{n\left(1 + \dfrac{L(b-a)}{n}\right) + 1}{n + 1}$$

$$= \frac{L(b-a) + n + 1}{n + 1} = 1 + \frac{L(b-a)}{n + 1}$$

となります。この両辺を $n + 1$ 乗すれば

$$\left(1 + \frac{L(b-a)}{n}\right)^n \leqq \left(1 + \frac{L(b-a)}{n + 1}\right)^{n+1}$$

となり，単調非減少であることがわかります。 □

　なぜ，定理 6.1 のような誤差評価が必要かというと，そもそもわれわれが数値的に解きたい微分方程式については，厳密解がよくわからないためです。厳密解がわからないので，誤差がどれくらいかを正確に知ることができません。しかし，定理 6.1 のような誤差評価があれば，それがどの程度か見積もることができるのです。

> **補足 6.1**　　ただし，計算機内部での数値が（2 進法で）有限桁であることに起因する誤差（これを**丸め誤差**（rounding error）といいます）は考慮していません。Python の `float` 型は倍精度浮動小数点数なので，普通の用途ではあまり精度が問題になることはないでしょう。仕様について詳しく知りたい場合は，IPython などで `import sys` としたうえで，`sys.float_info` とすれば表示できます。

6.1.2　素朴な数値解法がうまくいかない場合

　オイラー法を学ぶと，微分を離散化すれば，よい微分方程式の数値解法ができると思われるかもしれません。それはまったく間違いというわけではありませんが，いつでもうまくいくというわけではありません。

　中点公式（midpoint method）と呼ばれる公式があります[†]。微分方程式 $\dfrac{dx}{dt} = f(t, x)$ において，$\dfrac{dx}{dt}$ を

$$\frac{x_{j+1} - x_{j-1}}{2h}$$

で置き換えて整理すると

$$x_{j+1} = x_{j-1} + 2hf(t_j, x_j)$$

が得られます。これが中点公式です。$x(0) = x_0$ とするのはよいとして，x_1 がないのは困るのですが，これは，オイラー法などで代用します。まず数値計算してみましょう。プログラムを**リスト 6.2** に，実行結果を**図 6.3** に示します。

──────────────────────── **リスト 6.2**（Midpoint.py）────────────────────────

```
 1  import matplotlib.pyplot as plt
 2  import numpy as np
 3
 4  fig, ax = plt.subplots()
 5
 6  ax.set_xlabel('t')
 7  ax.set_ylabel('x')
 8  ax.set_title('Mid-point method')
 9  ax.grid()
10
11  def f(t, x):
12      return -x
```

───────────────

[†]　同じ名前の公式がいくつかありますが，ここでは，一松[22]の記述に従いました。

```
13
14 x0 = 1; h = 0.1
15 t = np.arange(0, 5, h)
16 x = []
17 x.append(x0)
18 x.append(x[0] + h*f(0, x[0]))
19
20 for j in range(1, len(t)-1):
21     x.append(x[j-1] + 2*h*f(j*h, x[j]))
22
23 ax.plot(t, x)
24 ax.plot(t, np.exp(-t),linestyle='dotted')
25 ax.legend(['numerical solution', 'exact solution'])
26 fig.tight_layout()
27 plt.show()
```

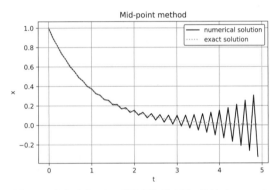

図 6.3　中点公式による数値解と厳密解の比較（$h = 0.1$）

図 6.3 を見ると，途中から数値解が振動する様子がわかるでしょう。このような現象が生じる理由は，つぎのように説明することができます。中点公式に，$f(t, x) = -x$ を代入して整理すると

$$x_{j+1} + 2hx_j - y_{j-1} = 0 \tag{6.7}$$

となります。式 (6.7) は，定数係数の 3 項間漸化式ですので，$\zeta^2 + 2h\zeta - 1 = 0$ の 2 つの解 $\alpha = -h + \sqrt{h^2 + 1}$, $\beta = -h - \sqrt{h^2 + 1}$ を用いて

$$x_j = C_1 \alpha^j + C_2 \beta^j$$

と書くことができます。$h > 0$ ですから，$0 < \alpha < 1$, $\beta < -1$ となっています。厳密解は，$e^{-x} = e^{-hj} = (e^{-h})^j$ になっているはずです。マクローリン展開は

$$e^{-h} = 1 - h + \frac{h^2}{2} - \frac{h^3}{6} + \frac{h^4}{24} + O(h^5)$$

となります。$\alpha = -h + \sqrt{h^2 + 1}$ を h についてマクローリン展開しましょう。計算が面倒なので，Python を使います。**リスト 6.3** のプログラムをご覧ください。

─── リスト **6.3**（Taylor.py）───

```
1  import sympy as sym
2
3  h = sym.Symbol('h')
4
5  TaylorEx = sym.series(sym.sqrt(h**2+1)-h, x=h, x0=0, n=5)
6  print(TaylorEx)
```

実行結果は

```
1 - h + h**2/2 - h**4/8 + O(h**5)
```

となります。つまり，マクローリン展開は，つぎのようになることがわかりました。

$$-h + \sqrt{h^2+1} = 1 - h + \frac{h^2}{2} - \frac{h^4}{8} + O(h^5)$$

ここでは e^{-h} の展開と 2 次の項まで一致しています。これは α^j が，厳密解 e^{-hj} をよく近似していることを意味しています。問題は β^j の項です。$x_0 = 1$ は初期値ですので，誤差はありません。$h = 0.1$ として，x_1 をオイラー法で計算した値は，$1 - 0.1 = 0.9$ になります。この値は真の値 $e^{-0.1} \approx 0.9048374180359595$ と近い値です。しかし，$x_0 = C_1 + C_2 = 1$，$x_1 = \alpha C_1 + \beta C_2 = 0.9$ を解くと

$$C_1 = \frac{\beta - 0.9}{\alpha - \beta} = \frac{-h - \sqrt{h^2+1} - 0.9}{2\sqrt{h^2+1}} \approx -0.9975185951049947$$

$$C_2 = \frac{0.9 - \alpha}{\alpha - \beta} = \frac{0.9 + h - \sqrt{h^2+1}}{2\sqrt{h^2+1}} \approx -0.002481404895005394$$

となり，C_2 は小さい値ではあるものの 0 になりません。その結果，j が大きくなると，振動している項 $C_2 \beta^j = C_2(-h - \sqrt{h^2+1})^j$ が大きくなり，このような現象が起きるわけです。これは，$h > 0$ であればいくら h が小さくても起きる現象であり，初期値問題には中点公式が適切ではないことを意味しています。微分方程式の数値解法を丁寧に研究しなければいけない理由がここにあります。

6.1.3 ルンゲ・クッタ法

図 6.1 を見てもわかるかと思いますが，オイラー法では，h をかなり小さく取らないと，誤差が蓄積して厳密解とのずれが拡大してしまいます。これは，定理 6.1 の誤差評価

$$\max_{0 \le j \le n} |x(t_j) - x_j| \le \frac{Mh}{2L}(e^{L(b-a)} - 1) \tag{6.8}$$

を見ると見当がつきます。$e_j = x(t_j) - x_j$ を近似解の**局所離散化誤差**（local discretization error），その絶対値の最大値 $\max_{0 \le j \le n} |e_j|$ を**大域離散化誤差**（global discretization error）といいます。式 (6.8) の左辺は，大域離散化誤差が刻み幅 h に関する 1 次式で，上から押さえられることを意味しています。一般に，$e_j = O(h^m)$ のとき，言い換えれば，ある定数 $C_j (> 0)$ が存在して $|x(t_j) - x_j| \le C_j h^m$ となるとき，解の局所離散化誤差は m 次であるといいます。ま

た，ある公式が m 次の局所離散化誤差を持つとき，大域離散化誤差は，$m-1$ 次になります。オイラー法の場合は，テイラー展開から

$$x(t_j + h) = x_j + x'(t_j)h + \frac{x''(t_j)}{2}h^2 + O(h^3)$$

$$= x_j + hf(t_j, x_j) + \frac{x''(t_j)}{2}h^2 + O(h^3)$$

となるので，1 次の項まで一致しています。つまり，局所離散化誤差は，$O(h^2)$ になっています。すでに見たように，大域離散化誤差は $O(h)$ になっています。

　式 (6.8) の右辺で，h についてのオーダーのほかに，もう 1 つ注目すべき点があります。t の範囲 $b-a$ の指数関数 $e^{L(b-a)} = e^{jLh}$ が出てきている点です。$b-a = jh$ が大きいということは長時間の挙動を調べることに対応しますが，長時間の挙動を知る際に，誤差が指数関数的に増大する可能性があることを意味しています。

　大域離散化誤差が $O(h^m)$ $(m > 1)$ の公式があれば好都合でしょう。精度のよい方法として頻繁に使われるのが，4 次の**ルンゲ・クッタ法**（Runge-Kutta method）です。以下，RK4 と呼ぶことにします。RK4 は，局所離散化誤差が $O(h^5)$ で，大域離散化誤差 $O(h^4)$ の公式ですので，オイラー法と比べるとはるかに高精度です。

　ルンゲ・クッタ型の公式（Runge-Kutta type methods for solving ordinary differential equations）とは，やや曖昧ないい方になりますが，(t, x) のいくつかの値の組について，$f(t, x)$ の値を計算し，それらの重み付き平均によって，適当な次数までのテイラー展開と合うように組み立てられた公式のことです。つまり，ルンゲ・クッタ型の公式とは，常微分方程式の数値計算アルゴリズムのグループの名称ですが，単にルンゲ・クッタ法といえば，RK4 のことを指すことが多いようです。常微分方程式の数値解法は数多くありますが，RK4 はいまでも標準的な解法として広く利用されています。単に微分方程式の初期値問題の標準解法といえば RK4 を指すことが多いでしょう。

　公式導出の考え方は難しくありませんが，複雑な話なので，公式を書いてしまってから詳しく説明したいと思います。$t_j = a + jh$ としたときの RK4 は，つぎのようになります。

$$x_{j+1} = x_j + \frac{h}{6}(k_1 + 2k_2 + 2k_3 + k_4)$$

$$k_1 = f(t_j, x_j)$$

$$k_2 = f\left(t_j + \frac{h}{2}, x_j + \frac{h}{2}k_1\right)$$

$$k_3 = f\left(t_j + \frac{h}{2}, x_j + \frac{h}{2}k_2\right)$$

$$k_4 = f(t_j + h, x_j + hk_3)$$

　RK4 をそのまま実装したものが，**リスト 6.4** のプログラムになります。18 行目から 23 行目のループの中では，RK4 の式をそのまま記述しています。

—————————————— リスト 6.4（RK4.py）——————————————

```
1  import matplotlib.pyplot as plt
2  import numpy as np
3
4  fig, ax = plt.subplots()
5
6  ax.set_xlabel('t')
7  ax.set_ylabel('x')
8  ax.set_title('Runge-Kutta method')
9  ax.grid()
10
11 def f(t, x):
12     return x
13
14 x0 = 1; h = 0.1
15 t = np.arange(0, 3, h)
16 x = []
17 x.append(x0)
18 for j in range(len(t)-1):
19     k1 = f(t[j], x[j])
20     k2 = f(t[j]+h/2, x[j] + h*k1/2)
21     k3 = f(t[j]+h/2, x[j] + h*k2/2)
22     k4 = f(t[j] + h, x[j] + h*k3)
23     x.append(x[j] + h*(k1+2*k2+2*k3+k4)/6)
24
25 ax.plot(t, x)
26 ax.plot(t, np.exp(t),linestyle='dotted')
27 ax.legend(['numerical solution(RK4)', 'exact solution'])
28 fig.tight_layout()
29 plt.show()
```

　リスト 6.4 のプログラムは，グラフィック部分はオイラー法のときと同じです。

　リスト 6.4 のプログラムを実行すると，**図 6.4** が表示されます。オイラー法では，図 6.1 のように，すぐに厳密解からずれてしまうのですが，RK4 の数値解は，同じ刻み幅 $h = 0.1$ でもほとんどずれていません。RK4 はオイラー法よりも精度がよいことがわかります。

　この公式の導出は本当に骨が折れますので，概略だけ説明しておきます。考え方は

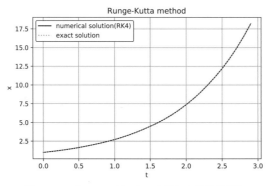

図 6.4　4 次のルンゲ・クッタ法による数値解と
厳密解の比較（$h = 0.1$）

$$x_{j+1} = x_j + \alpha_1 k_1 + \alpha_2 k_2 + \alpha_3 k_3 + \alpha_4 k_4$$

$$k_1 = f(t_j, x_j)$$

$$k_2 = f(t_j + \beta_1 h, x_j + \gamma_1 h k_1)$$

$$k_3 = f(t_j + \beta_2 h, x_j + \gamma_2 h k_2)$$

$$k_4 = f(t_j + \beta_3 h, x_j + \gamma_3 h k_3)$$

として，第 1 式が，テイラー展開の 4 次の項に一致するように，10 個の定数 α_1, α_2, α_3, α_4, β_1, β_2, β_3, γ_1, γ_2, γ_3 を決める，というだけのいたってシンプルなものですが，計算はかなりたいへんです。

　テイラー展開は，4 次まで書くと

$$x(t+h) \approx x(t) + x'(t)h + \frac{x''(t)}{2!}h^2 + \frac{x'''(t)}{3!}h^3 + \frac{x^{(4)}(t)}{4!}h^4 \tag{6.9}$$

となります。ここで，2 変数の合成関数の微分公式を使って

$$x''(t) = \frac{d}{dt}f(t,x) = \frac{\partial}{\partial t}f(t,x(t)) + \frac{\partial}{\partial x}f(t,x(t))x'(t)$$

のように展開し，同様にして，$x'''(t)$, $x^{(4)}(t)$ を求め，2 変数のテイラー展開

$$f(t+\delta, x+\epsilon) = f(t,x) + \delta\frac{\partial}{\partial t}f(t,x) + \epsilon\frac{\partial}{\partial x}f(t,x) + \cdots \tag{6.10}$$

を利用して k_2, k_3, k_4 を表現し，式 (6.10) と式 (6.9) の係数を比較して，係数の満たす連立代数方程式を導きます。その連立方程式は，$\alpha_1 = 1/6$, $\alpha_2 = 1/3$, $\alpha_3 = 1/3$, $\alpha_4 = 1/6$, $\beta_1 = \beta_2 = 1/2$, $\beta_3 = 1$, $\gamma_1 = \gamma_2 = 1/2$, $\gamma_3 = 1$ を解に持つことがわかります†。

　RK4 の導出は難しいのですが，考え方そのものは，RK4 よりも簡単な 2 次のルンゲ・クッタ法の公式の導出の過程で理解できると思われますので，やってみましょう。

$$x(t+h) = x(t) + h\alpha k_1 + h\beta k_2 + O(h^3) \tag{6.11}$$

とします。ここで，$k_1 = f(t,x)$ とします。$k_2 = f(t+hp, x+hqk_2)$ として，式 (6.11) の右辺が $x(t+h)$ のテイラー展開に一致するように係数を決めていきます。k_2 を 2 変数関数のテイラー展開を用いて 1 次の項まで求めれば

$$k_2 = f(t+hp, x+hqk_2)$$
$$= f(t,x) + hpf_t(t,x) + hqk_1 f_x(t,x) + O(h^2)$$
$$= f(t,x) + hpf_t(t,x) + hqf(t,x)f_x(t,x) + O(h^2)$$

となります。これらを式 (6.11) に代入すると，つぎのようになります。

---

† 篠原[21] には，もう少し定数を増やした形で 9 ページをかけてルンゲ・クッタ法が導出されています。篠原[21] は，筆者が読んだ最初の数値解析の教科書です。ルンゲ・クッタ法が丁寧に導出されていますが，計算を追うにはかなりの根気が必要でした。

$$x(t+h) = x(t) + h\alpha k_1 + h\beta k_2 + O(h^3)$$
$$= x(t) + h\alpha f(t,x) + h\beta\{f(t,x) + hpf_t(t,x) + hqf(t,x)f_x(t,x)\} + O(h^3)$$
$$= x(t) + h(\alpha+\beta)f(t,x) + \beta h^2\{pf_t(t,x) + qf(t,x)f_x(t,x)\} + O(h^3)$$

これと，$x(t+h)$ のテイラー展開[†1]

$$x(t+h) = x(t) + hx'(t) + \frac{h^2}{2}x''(t) + O(h^3)$$
$$= x(t) + hf(t,x) + \frac{h^2}{2}\frac{d}{dt}f(t,x(t)) + O(h^3)$$
$$= x(t) + hf(t,x) + \frac{h^2}{2}\{f_t(t,x) + f(t,x)f_x(t,x)\} + O(h^3)$$

の各項の係数を比較することにより

$$\alpha + \beta = 1$$
$$\beta p = \frac{1}{2}$$
$$\beta q = \frac{1}{2}$$

であることがわかります。この連立方程式は，未知数が 4 つで方程式の数（$= 3$）よりも多く，解は無数にありますが，特に

$$\alpha = \beta = \frac{1}{2}, \quad p = q = 1$$

としたものは**ホイン法**（Heun's method）と呼ばれ

$$\alpha = 0, \quad \beta = 1, \quad p = q = \frac{1}{2}$$

としたものが**改良オイラー法**（improved Euler method）と呼ばれます[†2]。まとめると，2 次のルンゲ・クッタ法[†3]は α, β, p, q を上記のように定めたとき，つぎのように書けます。

$$x_{j+1} = x_j + h(\alpha k_1 + \beta k_2)$$
$$k_1 = f(t_j, x_j)$$
$$k_2 = f(t_j + ph, x_j + qhk_1)$$

[†1] 3 つ目の等式を導く際に，合成関数の微分公式 $\dfrac{d}{dt}f(t,x(t)) = \dfrac{dt}{dt}f_t(t,x) + \dfrac{dx}{dt}f_x(t,x) = f_t(t,x) + \dfrac{dx}{dt}f_x(t,x) = f_t(t,x) + f(t,x)f_x(t,x)$ を使いました。

[†2] ここでの用語は，山本[31] に従っています。α, β, p, q の中でなぜこれらが選択されたのかについて，以前，一松信先生に伺ったところでは，簡単な分数になるほうが誤差が少なくてよいからだそうです。特に，2 のべきに取ると 2 進数で有限桁になる点が，2 進数で計算する計算機にとって都合がよいのでしょう。

[†3] ホイン法を 2 次のルンゲ・クッタ法と呼ぶこともあります。

6.2　odeint ライブラリで使われている数値解法と硬い方程式

odeint ライブラリは，Fortran の odepack ライブラリの **LSODA**†を使って常微分方程式
を解きます。硬くない（non-stiff ＝ 普通の）微分方程式では，**アダムス・バッシュフォース・
モールトン法**（Adams-Bashforth-Moulton method）が使われ，**硬い方程式**（stiff equation）
に対しては，**後退微分法**（backward differentiation formula：**BDF**）が使われます。LSODA
のマニュアルには，最初は硬くない方法，つまりアダムス・バッシュフォース・モールトン法
を使って解き，動的にデータを監視して，硬い方程式と判断された場合には，硬い方程式用の
BDF を使用すると書かれています。ユーザが指定する必要はないということです。

アダムス・バッシュフォース・モールトン法は，**アダムス・バッシュフォース法**（Adams-
Bashforth method）と**アダムス・モールトン法**（Adams-Moulton method）を組み合わせた
方法です。ここでは，まず，アダムス・バッシュフォース法を説明した後，その発展形のアダ
ムス・バッシュフォース・モールトン法を説明し，その中で，アダムス・モールトン法も簡単
に説明します。

6.2.1　アダムス・バッシュフォース法の考え方
つぎの微分方程式

$$\frac{dx}{dt} = f(t,x)$$

の両辺を x_j から x_{j+1} まで積分して，$x(t_n)$ を移項すると

$$x(t_{j+1}) = x(t_j) + \int_{t_j}^{t_{j+1}} f(t,x(t))dt \tag{6.12}$$

となります。問題は，右辺に現れた積分をどう近似するかです。これを長方形の面積 $hf(t_j,x(t_j))$
で近似したものがオイラー法だったわけですが，ここに定積分の高精度な数値計算アルゴリズ
ムを持ち込もう，というのが，アダムス・バッシュフォース法のアイデアです。

定積分の高精度計算では，関数を多項式で近似して，その多項式関数の定積分を計算する手
法がよく使われます。$n+1$ 個の点 $P_j(t_j,f_j)$ $(j=0,\cdots,n)$（ただし，$t_i \neq t_j(i \neq j)$）が与
えられたとき，すべての点 P_j $(j=0,\cdots,n)$ を通る n 次の多項式関数がただ 1 つ定まります。
この多項式は具体的にはつぎのように書くことができます。

---

† もともと **LSODE**（livermore solver for ordinary differential equations）というライブラリがあり，硬
い方程式に対して自動的に BDF に切り替えるものを LSODA と呼んでいます。A は automatic の頭文
字から取っています。米国のローレンスリバモア国立研究所の資料[33] の 14 ページ目，セクション 3.5 に
つぎの記述があります。"LSODA is a variant of LSODE of yet another kind. It was written jointly
with L.R.Petzold (Sanoia-Livermore), and switches automatically between nonstiff (Adams) and
stiff (BDF) methods, by an algorithm developed by Petzold. (The suffix A is for Automatic.)"

$$Q_m(t) = \sum_{k=0}^{m} f_{j-k} L_{j-k}(t)$$

$$L_j(t) = \prod_{i \neq j} \frac{t - t_i}{t_j - t_i}$$

実際，$L_j(t)$ は m 次の多項式で，$L_j(t_i) = \delta_{ij}$ になっていますから，$Q_m(t_j) = f_j$ となり，すべての点 P_j $(j = 0, \cdots, m)$ を通ることがわかります。$Q_m(t)$ は，**ラグランジュの補間多項式**（Lagrange interpolation polynomial）と呼ばれます。

次数が上がると複雑になりすぎて本質が見えづらいので，まず，比較的シンプルな 2 次のアダムス・バッシュフォース法の公式を導いてみましょう。区間 $[t_j, t_{j+1}]$ における $f(t, x(t))$ の値を $f_j = f(t_j, x_j)$, $f_{j-1} = f(t_{j-1}, x_{j-1})$ を使った補間多項式で置き換えるのです†。つまり，補間多項式を未知の値の予測に使っていることになります。これを**補外**（extrapolation）といいます。つぎのようにして近似解を構成するわけです。

$$x_{j+1} = x_j + \int_{t_j}^{t_{j+1}} Q_1(t) dt = x_j + \int_{t_j}^{t_{j+1}} \left(f_{j-1} L_{j-1}(t) + f_j L_j(t) \right) dt$$

$$= x_j - \frac{1}{2} h f_{j-1} + \frac{3}{2} h f_j$$

ここで

$$\int_{t_j}^{t_{j+1}} L_{j-1}(t) dt = \int_{t_j}^{t_{j+1}} \frac{t - t_j}{t_{j-1} - t_j} dt = \frac{1}{t_{j-1} - t_j} \left[\frac{(t - t_j)^2}{2} \right]_{t_j}^{t_{j+1}}$$

$$= \frac{1}{t_{j-1} - t_j} \frac{(t_{j-1} - t_j)^2}{2} = -\frac{t_j - t_{j-1}}{2} = -\frac{h}{2}$$

$$\int_{t_j}^{t_{j+1}} L_j(t) dt = \int_{t_j}^{t_{j+1}} \frac{t - t_{j-1}}{t_j - t_{j-1}} dt = \frac{1}{t_j - t_{j-1}} \left[\frac{(t - t_{j-1})^2}{2} \right]_{t_j}^{t_{j+1}}$$

$$= \frac{1}{t_j - t_{j-1}} \left\{ \frac{(t_{j+1} - t_{j-1})^2}{2} - \frac{(t_j - t_{j-1})^2}{2} \right\}$$

$$= \frac{1}{h} \left(\frac{4h^2}{2} - \frac{h^2}{2} \right) = \frac{3}{2} h$$

となることを使いました。

公式を見てすぐにわかることは，計算を始めるときに，$f_0 = f(t_0, x_0)$, $f_1 = f(t_1, x_1)$ の 2 つが必要になるにもかかわらず，x_1 の値はわからないので計算が始められないということでしょう。これはそのとおりで，x_1 を決めるためにルンゲ・クッタ法など別の数値解法が必要になります。

すでに 1 章で数値解法の「型」については説明しましたが，ここで，具体例を通して確認しておきましょう。オイラー法とルンゲ・クッタ法は，計算開始時点の情報だけで決まるので，**1段法**（single-step method）になっています。上記の（2 次の）アダムス・バッシュフォース法

---

†　この記号を使うと，オイラー法は，$x_{j+1} = x_j + h f_j$ のように表すことができます。

では2点の情報を使うので，**2段法**（two-step method）になります。一般にk次のアダムス・バッシュフォース法の大域離散化誤差は$O(h^k)$となることが知られています。これはちょっとすごいことです。ルンゲ・クッタ法の場合，次数を上げるのは非常にたいへんな計算が必要で，そもそもほしい次数の公式が存在するのかどうかすらわかりませんが，アダムス・バッシュフォース法ではどれだけ高い次数であっても，ほしい次数の公式が得られるわけです。ただし，最初の$k-1$個のfの値を決めるために1段法が必要になります。

　参考までにより高次のアダムス・バッシュフォース法の公式を以下に書いておきましょう（3次の公式の導出は，問題6-97参照）。

$$x_{j+1} = x_j + \frac{h}{12}(5f_{j-2} - 16x_{j-1} + 23f_j) \qquad （3次の公式） \tag{6.13}$$

$$x_{j+1} = x_j + \frac{h}{24}(-9f_{j-3} + 37f_{j-2} - 59x_{j-1} + 55f_j) \qquad （4次の公式） \tag{6.14}$$

6.2.2　ルンゲ現象

　アダムス・バッシュフォース法ではほしい次数の公式が得られると書きました。積分を近似するために用いたラグランジュ多項式の次数をどんどん上げれば，さらによい公式ができると思われるかもしれませんが，必ずしも期待どおりにはなりません。ラグランジュ多項式を使って補外しているところで少し厄介な問題が生じるのです。

　近似多項式の性質の話ですが，微分方程式の数値解法と関係していますので，ここでこの問題について簡単に説明しておきましょう。つぎの

$$y = f(x) = \frac{1}{1 + 25x^2}$$

という関数を考えましょう。これはルンゲが与えた有名な例です。この関数のグラフ上のn個の点$(x_k, y_k) = (x_k, f(x_k))$ $(k = 1, 2, \cdots, n)$を与えてラグランジュ補間多項式をつくったとき，何が起きるかという問題を考えます。ここでは，x_kを等間隔に取ります。**リスト6.5**のプログラムは，n個（この例では$n=11$）の点

$$x_k = -1 + \frac{2k}{n-1}, \quad y_k = f(x_k) \quad (k = 0, 1, \cdots, n-1)$$

を与え，ラグランジュ補間多項式をつくり，これともとの関数を重ね描きするものです。

――――――――― リスト6.5（Runge.py）―――――――――

```
1  from scipy.interpolate import lagrange
2  import numpy as np
3  import matplotlib.pyplot as plt
4
5  def f(x):
6      return 1/(1 + 25*x**2)
7
8  fig, ax = plt.subplots()
9  ax.grid()
```

```
10 ax.set_xlabel("x")
11 ax.set_ylabel("y")
12 ax.set_title("Runge's phenomenon")
13
14 n = 11
15 x = np.linspace(-1,1,n)
16 y = f(x)
17 Q = lagrange(x,y)
18
19 x2 = np.linspace(-1,1,400)
20
21 ax.scatter(x, y, label="given points", color="black")
22 ax.plot(x2, f(x2), label="y=f(x)", linestyle='dotted', color="black")
23 ax.plot(x2, Q(x2), label="the interpolation polynomial in the Lagrange form",
       color="black")
24 ax.legend()
25 fig.tight_layout()
26 plt.show()
```

リスト6.5のプログラムの1行目で，scipy.interpolateライブラリのlagrange関数を
インポートしています。17行目でlagrange関数を使って点の座標のリスト(x, y)に対応する
ラグランジュ補間多項式を生成しています。これに名前（ここではQ）をつけて，多項式関数
として使えるようにしています。

リスト6.5のプログラムを実行すると**図6.5**が描かれます。点線がもとの関数$y = f(x)$の
グラフで，実線が，グラフ上にあるすべての黒丸の点を通るラグランジュ補間多項式のグラフ
です。黒丸の点は，21行目において，scatterメソッドを使って描いています。端のほうで補
間多項式のグラフが極端に大きく波打っていることがわかるでしょう。

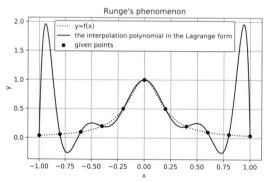

図6.5 ルンゲ現象

このように，補間多項式の次数を大きくしていったときに，一様に近似できなくなる（端の
ほうでの振動が大きくなる）現象を**ルンゲ現象**（Runge's phenomenon）といいます。この例
では

$$\lim_{N \to \infty} \max_{-1 \le x \le 1} |f(x) - Q_N(x)| = \infty$$

となることを示すことができます。つまり，次数が高く，補間点の間隔が狭くても，一様に近

似がよくなるとはいえないのです。

ルンゲ現象が起きる原因は，以下の 2 つです。

(1)　ある種の関数では，$f^{(n)}(x)$ が n の増加とともに急激に大きくなる。

(2)　補間点が等間隔になっている。

じつはこの関数についてルンゲ現象が起きる理由は $f(x)$ を複素関数と見たときの零点 $x = \pm i/5$ に関係しています（詳細については，エパーソン[32] などをご覧いただければと思います）。

補間区間を狭く取り，次数を 3 次から 4 次程度の小さな値にするのが実用的な解決法です。

6.2.3　アダムス・バッシュフォース・モールトン法

アダムス・バッシュフォース・モールトン法を説明する前に，前提となる**アダムス・モールトン法**を説明します。アダムス・バッシュフォース法では使っていなかった未知の値 $f_{j+1} = f(t_{j+1}, x_{j+1})$ を使う方法がアダムス・モールトン法です。つまり，(t_k, f_k) $(k = j-2, j-1, j, j+1)$ を通るラグランジュ補間多項式

$$Q_3(t) = f_{j-2}L_{j-2}(t) + f_{j-1}L_{j-1}(t) + f_j L_j(t) + f_{j+1}L_{j+1}(t)$$

を使って

$$x_{j+1} = x_j + \int_{t_j}^{t_{j+1}} Q_3(t)dt \tag{6.15}$$

とするわけです。式 (6.15) のように，未知の値 f_{j+1} まで使って計算する方法をアダムス・モールトン法といいます。アダムス・バッシュフォース法ではラグランジュ多項式を補外に使っていますが，アダムス・モールトン法では，補間に使うわけです。ルンゲ現象は端のほうで近似が悪化する現象ですから，補外（つまり端のほう）は筋がよくないのですが，未知の値 f_{j+1} をある程度正確に予測できれば補間での誤差は小さくなるはずだ，というのがアダムス・モールトン法のアイデアです。

式 (6.15) で積分を計算すると

$$x_{j+1} = x_j + \frac{h}{24}(f_{j-2} - 5f_{j-1} + 19f_j + 9f_{j+1}) \tag{6.16}$$

となります。この局所離散化誤差は，$O(h^5)$ となり，大域離散化誤差は $O(h^4)$ であることが知られています。つまりこの公式は 4 次精度ということになり，多くの用途では十分高精度です。しかし，この方法には少し面白くない点があります。$f_{j+1} = f(t_{j+1}, x_{j+1})$ における x_{j+1} はわからないので，式 (6.16) で x_{j+1} を求めるために毎回反復計算が必要になり，使いづらいのです（この詳細は次項で説明します）。このような x_{j+1} を求めるのに反復計算（や行列式の計算など）が必要な公式を**陰的公式**（implicit formula）といいます。一方，オイラー法，ルンゲ・クッタ法，アダムス・バッシュフォース法のように x_{j+1} を既知の量で直接的に計算できる公式は，**陽的公式**（explicit formula）と呼ばれます。

アダムス・モールトン法を陽的な公式に書き換えるため，$f_{j+1} = f(l_{j+1}, x_{j+1})$ における x_{j+1} の値をアダムス・バッシュフォース法で計算し，これを予測値として使ってアダムス・モールトン法を適用することを考えます。これが，**アダムス・バッシュフォース・モールトン法**です。アダムス・バッシュフォース・モールトン法は，**予測子・修正子法**（predictor-corrector method）とも呼ばれます。

odeint 関数では，4 ステップ（4 次）のアダムス・バッシュフォース・モールトン法が使われています。書き下してから，その考え方を説明しましょう。

$$x_{j+1}^p = x_j + \frac{h}{24}(-9f_{j-3} + 37f_{j-2} - 59f_{j-1} + 55f_j)$$

$$x_{j+1} = x_j + \frac{h}{24}(f_{j-2} - 5f_{j-1} + 19f_j + 9f(t_{j+1}, x_{j+1}^p))$$

上の式を**予測子**（predictor），下の式を**修正子**（corrector）といいます。上の式は，アダムス・バッシュフォース法の式 (6.14) で，下の式は，アダムス・モールトン法の式 (6.16) です。式 (6.14) を x_{j+1} の値の予測値として，修正子で使うのです。ここで，上の式の肩つき p は predictor の頭文字です。最初の 3 項を 1 段法の RK4 で計算し，それ以降を 4 段のアダムス・バッシュフォース・モールトン法で計算するプログラムを**リスト 6.6** に示します。計算しているのは

$$\frac{dx}{dt} = x\cos t, \quad x(0) = 1$$

という初期値問題で，厳密解はもちろん $x(t) = e^{\sin t}$ です。実行すると**図 6.6** が描かれます。ほぼ完全に重なってしまって差が見えません。

リスト 6.6（Adams-Bashforth-Moulton.py）

```
1  # Adams-Bashforth-Moulton method
2  #
3  import matplotlib.pyplot as plt
4  import numpy as np
5
6  fig, ax = plt.subplots()
7
8  ax.set_xlabel('t')
9  ax.set_ylabel('x')
10 ax.set_title('Adams-Bashforth-Moulton method')
11 ax.grid()
12
13 def f(t, x):
14     return x*np.cos(t)
15
16 x0 = 1 # initial value
17 h = 0.1 # step size
18 t = np.arange(0, 10, h)
19 x = []
20 x.append(x0) # x[0] = x0
21
22 # Use RK4 to compute x[1], x[2] and x[3]
23 for j in range(3):
```

```
24       k1 = f(t[j], x[j])
25       k2 = f(t[j]+h/2, x[j] + h*k1/2)
26       k3 = f(t[j]+h/2, x[j] + h*k2/2)
27       k4 = f(t[j] + h, x[j] + h*k3)
28       x.append(x[j] + h*(k1+2*k2+2*k3+k4)/6)
29
30  for j in range(3,len(t)-1):
31       # predictor(4th order four-step explicit Adams-Bashforth method to
             compute a predicated value)
32       xp = x[j]+h*(-9*f(t[j-3], x[j-3])+37*f(t[j-2],x[j-2])-59*f(t[j-1],x[j-1])
             +55*f(t[j],x[j]))/24
33
34       # corrector(Use 4th order three-step Adams-Moulton implicit method to
             compute a correction x[j+1])
35       x.append(x[j]+h*(f(t[j-2],x[j-2])-5*f(t[j-1],x[j-1])+19*f(t[j],x[j])+9*f(
             t[j+1],xp))/24)
36
37  ax.plot(t, x)
38  ax.plot(t, np.exp(np.sin(t)),linestyle='dotted')
39  ax.legend(['numerical solution', 'exact solution'])
40  fig.tight_layout()
41  plt.show()
```

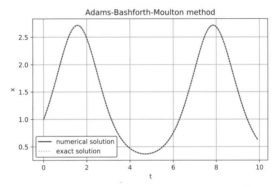

図 6.6 アダムス・バッシュフォース・モールトン法に
よる数値解と厳密解の比較（$h = 0.1$）

リスト 6.6 のプログラムにおいて，23 行目から 28 行目では，RK4 を用いて $x[1]$，$x[2]$，$x[3]$ を求めています。30 行目から 35 行目が，アダムス・バッシュフォース・モールトン法の本体で，32 行目が予測子，35 行目が修正子になっています。

6.2.4 硬い方程式と数値的安定性

odeint 関数の仕様では，**硬い方程式**かどうかを自動判別しているのですが，硬い方程式とは何でしょうか。つぎの有名な例を見てみましょう[22)]。

$$\frac{dx}{dt} = \lambda x, \quad x(0) = 1 \tag{6.17}$$

ここで，$\lambda \, (< 0)$ は定数です。式 (6.17) はすでに学んだ変数分離形の簡単な方程式です。解はもちろん，$x(t) = e^{\lambda t}$ となります。式 (6.17) をオイラー法で解いてみましょう。つまり

$$x_{j+1} = x_j + \lambda h x_j = (1 + \lambda h) x_j \quad (x_0 = 1) \tag{6.18}$$

を解いてみます。式 (6.18) は初項 1 で公比が $1 + \lambda h$ の等比数列ですから

$$x_j = (1 + \lambda h)^j \quad (n = 0, 1, 2, \cdots) \tag{6.19}$$

となることがすぐにわかります。式 (6.19) を見てすぐにわかるのは，$-1 < \lambda h < 0$ であれば，x_j は単調減少して 0 に収束する，$-2 < \lambda h < -1$ であれば正負に振動しながら 0 に収束する，$\lambda h > 2$ であれば単調に無限大に発散する，ということです。つまり，少なくとも $|1 + \lambda h| < 1$ でなければ計算はうまくいかないわけです。このような領域を**安定領域** (stability region) といいます。この条件は刻み幅 h に関して，かなり強い制約です。というのは，$h > -1/\lambda$ でなければならないので，$|\lambda|$ が非常に大きな場合，例えば，$\lambda = -10000$ であれば，$h < 1/10000 = 0.0001$ にしなければならないということです。

　硬い方程式については，数学的に厳密な定義があるわけではないのですが，t 方向に 1 ステップ進める際に x の増分を十分小さくするために，刻み幅 h を非常に小さく取らなければならない方程式と理解しておけばよいでしょう。

　図 6.7 は，オイラー法で，$\lambda = -30$，$h = 0.1$ として得られた数値解です。

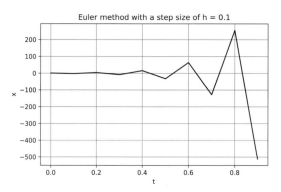

図 6.7　オイラー法で，$\lambda = -30$，$h = 0.1$
として得られた数値解

　いまの例をご覧になれば，h を小さく取るのは精度を上げるという理由だけではなく，h を小さく取らないと，そもそも意味のある計算結果にならない場合があることがおわかりいただけたのではないかと思います。式 (6.17) に RK4 を適用した場合はどうでしょうか。

$$k_1 = \lambda x_j$$
$$k_2 = \lambda \left(x_j + \frac{h}{2} k_1 \right) = \left(\lambda + \frac{h \lambda^2}{2} \right) x_j$$
$$k_3 = \lambda \left(x_j + \frac{h}{2} k_2 \right) = \left\{ 1 + \frac{h \lambda}{2} + \frac{(h \lambda)^2}{4} \right\} x_j$$
$$k_4 = x_j + h k_3 = \left\{ 1 + h \lambda + \frac{(h \lambda)^2}{2} + \frac{(h \lambda)^3}{4} \right\} x_j$$

となるので

$$x_{j+1} = x_j + \frac{h}{6}(k_1 + 2k_2 + 2k_3 + k_4)$$

$$= \left\{ 1 + h\lambda + \frac{(h\lambda)^2}{2} + \frac{(h\lambda)^3}{6} + \frac{(h\lambda)^4}{24} \right\} x_j$$

となります。$e^{\lambda t}$ の $t = 0$ におけるテイラー展開が現れました。ここでは真面目に計算していますが，RK4 は，テイラー展開の 4 次の項まで一致するように取ったのですから，当然の結果ともいえます。先ほどと同様に，$\lambda < 0$ のとき，解は $t \to \infty$ の極限において 0 に収束しなければなりません。数値解も当然そうならないといけません。つまり，RK4 における安定領域は，つぎのようになります。

$$\left| 1 + h\lambda + \frac{(h\lambda)^2}{2} + \frac{(h\lambda)^3}{6} + \frac{(h\lambda)^4}{24} \right| < 1 \tag{6.20}$$

$z = h\lambda$ として複素平面上の安定領域を描くと，**図 6.8** のようになります。この曲線の内側が安定領域です。絶対値の大きさに従って 10 段階で色分けしています（図 6.8 では 9 段階しか見えませんが，プログラムでは 10 色用意されています）。カラーではないのでわかりにくいかもしれませんが，色が濃いところは絶対値が 1 に近く，薄いところは絶対値が小さくなっています。

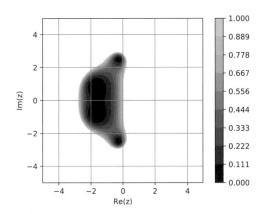

図 6.8 RK4 の複素平面上の安定領域

あまり本筋と関係ありませんが，参考までに，この図をどうやって描いたかを説明しておきます。まず，**リスト 6.7** のプログラムを使って，式 (6.20) の絶対値の二乗を $\lambda = x + iy$ として x，y の多項式として表現します。手計算は面倒なので，Python の SymPy を使います。

—————————— **リスト 6.7**（stability.py）——————————

```
1 import sympy as sym
2
3 x = sym.Symbol('x', real = True)
4 y = sym.Symbol('y', real = True)
5 z = sym.Symbol('z')
6
7 z = x + y*sym.I
```

```
 8
 9 stab = 1 + z + (z**2)/2 + (z**3)/6 + (z**4)/24
10 stab2 = sym.expand(stab.conjugate()*stab)
11 print(stab2)
```

リスト 6.7 のプログラムでは，3 行目から 5 行目までで sym.symbol を使って x, y, z をシンボルとして定義しています。また，7 行目で $z = x + iy$ という複素数をシンボルとして定義して，9 行目で複素数として多項式の計算を行い，10 行目で展開し，x, y の多項式を求めています。

リスト 6.8 は，リスト 6.7 のプログラムの計算結果を使って，等高線を描いて色分けするプログラムです。実行すると図 6.8 が描かれます（実際はカラーです）。

──────── **リスト 6.8** (stability2.py) ────────

```
 1 import matplotlib.pyplot as plt
 2 import numpy as np
 3
 4 L = 5
 5 xran = np.arange(-L, L, 0.025)
 6 yran = np.arange(-L, L, 0.025)
 7 x, y = np.meshgrid(xran,yran)
 8
 9 fig, ax = plt.subplots()
10 ax.grid()
11
12 z = x**8/576 + x**7/72 + x**6*y**2/144 + 5*x**6/72 + x**5*y**2/24 + x**5/4 +
    x**4*y**4/96 + x**4*y**2/8 + 2*x**4/3 + x**3*y**4/24 + x**3*y**2/6 + 4*x
    **3/3 + x**2*y**6/144 + x**2*y**4/24 + 2*x**2 + x*y**6/72 - x*y**4/12 + 2*x
    + y**8/576 - y**6/72 + 1
13 lev = np.linspace(0, 1, 10)
14 con = ax.contourf(x, y, z, levels=lev)
15 ax.set_aspect('equal', 'box')
16 ax.set_xlabel("Re(z)")
17 ax.set_ylabel("Im(z)")
18 plt.colorbar(con)
19 plt.show()
```

リスト 6.8 のプログラムは，12 行目にリスト 6.7 のプログラムで求めた多項式を貼りつけています。14 行目では 2.4 節で説明した contour メソッドを使って陰関数のグラフを描いています。

式 (6.18) に限れば，h をどの程度小さく取ればよいか（安定領域を求めること）は難しくありませんが，さらに複雑な方程式になったらどうでしょう。h をどの程度小さく取ればよいのでしょうか。計算する前にこれがわかったらよいのですが，そうもいかないことが多いでしょう。

前項では，アダムス・モールトン法のような陰的な公式は使いづらいと書きました。「欠点」と書かなかったのは，陰的公式にもよい点があるからです。ここではなぜ陰的公式が必要なのか簡単に説明しておきます。

テイラー展開

$$x(t) = x((t+h) - h) = x(t+h) - x'(t+h)h + O(h^2)$$

を考え，第 2 項まで取って

$$x_j = x_{j+1} - hf(t_{j+1}, x_{j+1})$$

という公式，すなわち

$$x_{j+1} = x_j + hf(t_{j+1}, x_{j+1}) \tag{6.21}$$

を考えましょう。右辺にも x_{j+1} が入っていますので陰的公式です。式 (6.21) を使って近似解を求める方法を**後退オイラー法**（backward Euler method）といいます。式 (6.21) における x_{j+1} を求めるには，1 ステップ前進するたびに

$$F(x) = x - x_j - hf(t_{j+1}, x) = 0 \tag{6.22}$$

という方程式を数値的に解いて x の近似解を求めるのです。$F(x) = 0$ は一般に非線形方程式なので，ニュートン法などを使って近似解を計算する必要があります。一般に非線形方程式の解は 1 つとは限りませんので，反復計算のための適当な初期値を選ぶ必要がありますし，反復計算に伴う誤差も生じます。陽的公式ではこのようなことはありません。これが陰的公式が陽的公式と比べて<u>使いづらい</u>という意味です。式 (6.17) の場合

$$F(x) = x - x_j - \lambda hx = 0$$

を解くことになりますが，この解は

$$x = \frac{x_j}{1 - \lambda h}$$

となりますから

$$x_{j+1} = \frac{x_j}{1 - \lambda h}$$

ということになります。これは簡単に解けて，$x_0 = 1$ のとき

$$x_j = \left(\frac{1}{1 - \lambda h} \right)^j$$

が得られます。ここで $\lambda < 0$ ですから，つねに $|1 - \lambda h| > 1$ が成り立っており，刻み幅 h によらず安定です。つまり，後退オイラー法においては，刻み幅には何の制約もないのです。この不等式は，複素平面において $z = \lambda h$ としたときに，$|1 - z| > 1$ であることを示していますが，中心が 1 で半径 1 の円板の外側になっていますから，左半平面，つまり，Re$z < 0$ という範囲を含んでいます。安定領域が左半平面 Re$z < 0$ を含んでいるような公式は，**A 安定**（A-stable）と呼ばれます。A 安定性は，スウェーデンの数学者ダールキスト（Germund Dahlquist）によって導入されました。後退オイラー法は A 安定な公式なのです。A 安定なら硬い微分方程式であっても不安定になることはありません。一方，（陽的）オイラー法，RK4 は A 安定ではありません。このように，陰的公式は安定性において陽的公式より優れているのです。これが，何

でも陽的公式でよい，ということにならない理由です。

　陽的公式と陰的公式の違いをはっきりさせるために，つぎのような初期値問題を考えます。

$$\begin{cases} \dfrac{dx}{dt} = -tx \\ x(0) = 1 \end{cases} \qquad (6.23)$$

　式 (6.23) の厳密解は，$x(t) = e^{-\frac{t^2}{2}}$ ですから数値計算もうまくいくような気がしますが，計算上気になるのは，t が大きくなることです。オイラー法の数値解の近似精度を保証する定理 6.1 ではリプシッツ条件を仮定していますが，t が大きくなると，近似解の収束が保証される範囲を超えてしまうからです。先ほど説明した硬い方程式と同様，t が大きいところでは数値的不安定現象が生じることになるでしょう。まず，オイラー法で解いてみましょう。オイラー法のプログラムを書き換えれば簡単ですが，時間幅の調整など面倒なので，ここにプログラムを書いておきます（**リスト 6.9**）。刻み幅 $h = 0.3$ の場合です。プログラムでは特に変わったことはしていません。

────────── リスト **6.9**（EulerStiff.py）──────────

```
 1  import matplotlib.pyplot as plt
 2  import numpy as np
 3
 4  fig, ax = plt.subplots()
 5
 6  ax.set_xlabel('t')
 7  ax.set_ylabel('x')
 8  ax.set_title('(Explicit) Euler method')
 9  ax.grid()
10
11  def f(t, x):
12      return -t*x
13
14  x0 = 1; h = 0.3
15  t = np.arange(0, 15.8, h)
16  x = []
17  x.append(x0)
18  for j in range(len(t)-1):
19      x.append(x[j] + h*f(j*h, x[j]))
20
21  ax.plot(t, x)
22  ax.plot(t, np.exp(-t**2/2),linestyle='dotted')
23  ax.legend(['numerical solution', 'exact solution'])
24  fig.tight_layout()
25  plt.show()
```

　図 6.9 を見ると，厳密解はほとんど 0 のような値になるにもかかわらず，t の値が 15 付近のところから，x の値がずれていくことがわかります。これを後退オイラー法で解いてみます。この場合，各ステップにおける非線形方程式は厳密に解けます。つまり，各ステップで解くべき方程式は

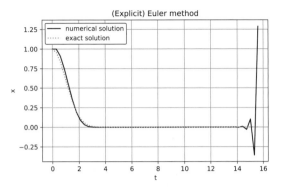

図 6.9　（陽的）オイラー法による数値解と
　　　　　厳密解の比較

$$F(x) = x - x_j + ht_{j+1}x = 0$$

ですから，x_{j+1} はつぎのように書くことができます。

$$x_{j+1} = \frac{x_j}{1 + ht_{j+1}} \tag{6.24}$$

$t_{j+1} = (j+1)h$ に注意して，リスト 6.9 のプログラムの 19 行目を

```
x.append(x[j]/(1 + (j+1)*h**2))
```

と書き直せば後退オイラー法のプログラムになります。このようにして実行した結果は，**図 6.10**
のようになり，数値的安定性が保たれていることがわかります。

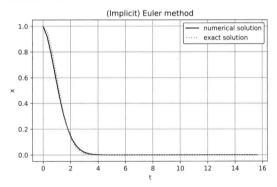

図 6.10　後退オイラー法（陰的公式）による
　　　　　　数値解と厳密解の比較

6.2.5　後 退 微 分 法

陰的公式は安定性に優れているので，硬い方程式に向いています。ギア（Gear）の**後退微分
法**（BDF）は

$$\sum_{i=0}^{k} \alpha_i x_{n-i} = hf(t_n, x_n)$$

となるように，係数 $\alpha_0, \alpha_1, \cdots, \alpha_k$ を決める方法です。といっても，これだけでは自由度があ

りすぎてどうにもなりません。後退微分法の基本的な考え方を説明しましょう。比較的簡単な場合を見れば，大体の考え方がわかると思います。

$t = t_k \ (k = j-1, j, j+1)$ でおのおの $x = x_k \ (k = j-1, j, j+1)$ という値を取るようなラグランジュ補間多項式

$$Q(t) = \frac{(t-t_j)(t-t_{j+1})}{(t_{j-1}-t_j)(t_{j-1}-t_{j+1})}x_{j-1} + \frac{(t-t_{j-1})(t-t_{j+1})}{(t_j-t_{j-1})(t_j-t_{j+1})}x_j$$
$$+ \frac{(t-t_{j-1})(t-t_j)}{(t_{j+1}-t_{j-1})(t_{j+1}-t_j)}x_{j+1}$$
$$= \frac{(t-t_j)(t-t_{j+1})}{2h^2}x_{j-1} - \frac{(t-t_{j-1})(t-t_{j+1})}{h^2}x_j + \frac{(t-t_{j-1})(t-t_j)}{2h^2}x_{j+1}$$

を考えます。$Q(t)$ は，$x(t)$ を $[t_{j-1}, t_{j+1}]$ で近似しているはずなので，大体 $x(t)$ のようなものだと思うことにして，つぎのように $Q(t)$ の微分を考えます。

$$Q'(t) = \frac{2t-t_j-t_{j+1}}{2h^2}x_{j-1} - \frac{2t-t_{j-1}-t_{j+1}}{h^2}x_j + \frac{2t-t_{j-1}-t_j}{2h^2}x_{j+1}$$

$t = t_{j+1}$ における値は

$$Q'(t_{j+1}) = \frac{2t_{j+1}-t_j-t_{j+1}}{2h^2}x_{j-1} - \frac{2t_{j+1}-t_{j-1}-t_{j+1}}{h^2}x_j + \frac{2t_{j+1}-t_{j-1}-t_j}{2h^2}x_{j+1}$$
$$= \frac{h}{2h^2}x_{j-1} - \frac{2h}{h^2}x_j + \frac{3h}{2h^2}x_{j+1}$$
$$= \frac{1}{2h}x_{j-1} - \frac{2}{h}x_j + \frac{3}{2h}x_{j+1}$$

となりますから，これを $x'(t)$ の代替物と考えて，$f(t_{j+1}, x_{j+1})$ と一致するとすれば，つぎのようになります。

$$\frac{1}{2h}x_{j-1} - \frac{2}{h}x_j + \frac{3}{2h}x_{j+1} = f(t_{j+1}, x_{j+1})$$

両辺に h を掛けて並べ替えれば，つぎの公式にたどり着きます。

$$\frac{3}{2}x_{j+1} - 2x_j + \frac{1}{2}x_{j-1} = hf(t_{j+1}, x_{j+1}) \tag{6.25}$$

これが，BDF2（2次の後退微分法）と呼ばれるアルゴリズムです。

じつは，後退オイラー法も後退微分法の1つです。$t = t_k \ (k = j, j+1)$ でおのおの $x = x_k$ $(k = j, j+1)$ という値を取るようなラグランジュ補間多項式を考えて，上記と同じことをすれば導出できます。後退オイラー法は，BDF1（1次の後退微分法）と呼ばれることもあります。同様にして BDF3（3次の後退微分法）は，つぎのように表すことができます。

$$\frac{11}{6}x_{j+1} - 3x_j + \frac{3}{2}x_{j-1} - \frac{1}{3}x_{j-2} = hf(t_{j+1}, x_{j+1}) \tag{6.26}$$

各 k についての係数 α_i はもちろん計算されており，**表6.1** のようになることがわかっています（$\alpha_0 = 1$ に揃える場合もありますが，ここでは揃えていません）。

表 6.1 BDF の係数

k	α_0	α_1	α_2	α_3	α_4	α_5	α_6
1	1	-1	0	0	0	0	0
2	$\dfrac{3}{2}$	-2	$\dfrac{1}{2}$	0	0	0	0
3	$\dfrac{11}{6}$	-3	$\dfrac{3}{2}$	$-\dfrac{1}{3}$	0	0	0
4	$\dfrac{25}{12}$	-4	3	$-\dfrac{4}{3}$	$\dfrac{1}{4}$	0	0
5	$\dfrac{137}{60}$	-5	5	$-\dfrac{1}{3}$	$\dfrac{5}{4}$	$-\dfrac{1}{5}$	0
6	$\dfrac{49}{30}$	-6	$\dfrac{15}{2}$	$-\dfrac{20}{3}$	$\dfrac{15}{4}$	$\dfrac{6}{5}$	$\dfrac{1}{6}$

$f(t, x) = \lambda x$ の場合，式 (6.25) を具体的に書き下してみましょう。

$$\frac{3}{2}x_{j+1} - 2x_j + \frac{1}{2}x_{j-1} = \lambda h x_{j+1}$$

となるので，$z = \lambda h$ とおいて，つぎの定数係数の 3 項間漸化式が得られます。

$$\left(\frac{3}{2} - z\right) x_{j+1} - 2x_j + \frac{1}{2}x_{j-1} = 0 \tag{6.27}$$

漸化式 (6.27) の解の挙動は，特性方程式

$$\left(\frac{3}{2} - z\right) \zeta^2 - 2\zeta + \frac{1}{2} = 0$$

の解 ζ について，$|\zeta| < 1$ を満たす領域が安定領域になります。同様にすると，BDF3 の場合は

$$\left(\frac{11}{6} - z\right) \zeta^3 - 3\zeta^2 + \frac{3}{2}\zeta - \frac{1}{3} = 0$$

の解 ζ について，$|\zeta| < 1$ を満たす領域が安定領域になります。BDF1 から BDF6 までの安定領域は，**図 6.11** の曲線の外側になります。内側から BDF1（後退オイラー法），BDF2，BDF3，BDF4，BDF5，BDF6 の安定領域の境界です。

図 6.11 をよく見るとわかると思いますが，BDF1，BDF2 が A 安定であるのに対し，3 次以上の BDF は A 安定ではなくなります。ただし，安定領域は実軸の負の部分を含んでいます。

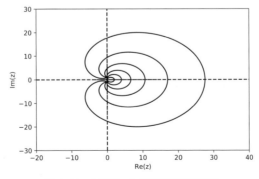

図 6.11 BDF1〜6 の安定領域の境界

7次以上の BDF の安定領域の境界は負の実軸を横切るので，次数7以上の BDF 法は硬い微分方程式には適していません。odeint 関数では硬さを判定し，硬い方程式と判定されれば，5次以下の BDF が自動選択されます。

──────── 章 末 問 題 ────────

問題 6-95 (**Python**)　1階微分係数を含まない形の2階微分方程式の初期値問題 $x'' = g(t, x)$, $x(a) = x_0$, $x'(a) = x_0'$ をつぎのようにして解くことを考えましょう。$h = (b - a)/n$ とし，x'' を中心差分

$$\frac{x_{j+1} - 2x_j + x_{j-1}}{h^2}$$

で置き換えて整理すると

$$x_{j+1} = 2x_j - x_{j-1} + h^2 g(t_j, x_j) \tag{6.28}$$

が得られます。ここで，$t_j = a + jh$ です。

$$x_1 = x_0 + x'(a)h + g(t_0, x_0)\frac{h^2}{2}$$

として x_1 を定めて，式 (6.28) により，$x_2, x_3, \cdots, x_n$ を求めていくことで，近似解を求めるプログラムを書き，$g(t, x) = -x$, $x(0) = 0$, $x'(0) = 1$ の厳密解と $h = 0.5$ としたときの近似解を $[0, 2\pi]$ の範囲で重ね描きしてください。

問題 6-96 (**Python**)　Python で2次のルンゲ・クッタ法（ホイン法，改良オイラー法にも対応できるもの）を実装し，ホイン法で初期値問題 $x' = x$, $x(0) = 1$ を刻み幅 $h = 0.1$ として解いてください。

問題 6-97 (**数学**)　3次のアダムス・バッシュフォース法の公式を導いてください。

問題 6-98 (**Python**)　リスト 6.5 のプログラムを修正して，$f(x) = e^{-|x|}$, $f(x) = e^{-4x^2}$ に対して $[-1, 1]$ の範囲でルンゲ現象が起きるかどうか調べてください。

問題 6-99 (**Python**)　オイラー法で，$\lambda = -30$, $h = 0.1$ とした場合の数値解を求め，図 6.7 を描いてください。

問題 6-100 (**Python**)　リスト 6.7，リスト 6.8 のプログラムを参考にして，ホイン法（改良オイラー法でも同じ）の安定領域を描いてください。

引用・参考文献

1) M. Kaminaga and M. Ohta：Stability of standing waves for nonlinear Schrödinger equation with attractive delta potential and repulsive nonlinearity, Saitama Math. J., **26**, pp.39–48 (2009)

2) H. POINCARÉ 著，正田建次郎，吉田洋一 監修，福原満洲雄，浦　太郎 訳：ポアンカレ 常微分方程式 - 天体力学の新しい方法，共立出版 (1970)（これは，ポアンカレの『天体力学の新方法（全三巻）』の第三巻の全訳です）

3) C. Moore：Braids in classical dynamics, Physical Review Letters, **70** (24), pp.3675–3679 (1993)

4) 小栗富士夫，小栗達男：標準機械設計図表便覧 改訂増補 5 版，共立出版 (2005)

5) エリ・デ・ランダウ，イェ・エム・リフシッツ 著，佐藤常三，石橋善弘 訳：弾性理論（増補新版），東京図書 (1989)

6) 大河内直彦：チェンジング・ブルー，岩波書店 (2008)

7) G. F. Gause：Experimental studies on the struggle for existence I. Mixed Poputation of Two Species of Yeast, Journal of Experimental Biology, **9** (4), pp.389–402 (1932)

8) W. M. Haynes：CRC Handbook of Chemistry and Physics, 95th ed., CRC Press (2014)

9) 阿部龍蔵：電気伝導，培風館 (1969)

10) 神永正博：Python で学ぶフーリエ解析と信号処理，コロナ社 (2020)

11) 田治見宏：建築振動学，コロナ社 (1965)

12) 大堀道広：強震動予測で対象となる周期範囲，強震動地震学基礎講座第 3 回 (https://www.zisin.jp/publications/document02_03.html)（2021 年 7 月参照）

13) 鍛冶幸悦，岡田新之助：電気回路（1）—線形回路・定態論—，コロナ社 (1965)

14) 足立修一：信号・システム理論の基礎—フーリエ解析，ラプラス変換，z 変換を系統的に学ぶ—，コロナ社 (2014)

15) 田辺行人，藤原毅夫：常微分方程式，東京大学出版会 (1981)

16) 高橋陽一郎：微分方程式入門，東京大学出版会 (1988)

17) 金子　晃：微分方程式講義，サイエンス社 (2014)

18) Steven H. Strogatz 著，田中久陽，中尾裕也，千葉逸人 訳：ストロガッツ 非線形ダイナミクスとカオス，丸善出版 (2015)

19) 速水　融：日本を襲ったスペイン・インフルエンザ—人類とウイルスの第一次世界大戦—，藤原書店 (2006)

20) Lawrence Perko：Differential Equations and Dynamical Systems, Third Edition, Texts in Applied Mathematics, Springer (2000)

21) 篠原能材：数値解析の基礎，日新出版 (1978)

22) 一松　信：数値解析，朝倉書店 (1982)

23) W. O. Kermack and A. G. McKendrick：A contribution to the mathematical theory of

epidemics, Royal Society publ., **115** (772), pp.700–721 (1927)

24) James D. Murray 著, 三村昌泰 総監修：マレー 数理生物学入門, 丸善出版 (2014)

25) Sercan Ö. Arık, Chun-Liang Li, Jinsung Yoon, Rajarishi Sinha, Arkady Epshteyn, Long T. Le, Vikas Menon, Shashank Singh, Leyou Zhang, Nate Yoder, Martin Nikoltchev, Yash Sonthalia, Hootan Nakhost, Elli Kanal, and Tomas Pfister：Interpretable Sequence Learning for COVID-19 Forecasting (https://storage.googleapis.com/covid-external/COVID-19 ForecastWhitePaper.pdf) (2021 年 7 月参照)

26) 西浦　博, 稲葉　寿：感染症流行の予測: 感染症数理モデルにおける定量的課題, 統計数理, **54** (2), pp.461–480 (2006)

27) P. E. M. Fine：Herd immunity：History, theory, practice, Epidemiologic Reviews, **15** (2), pp.265–302 (1993)

28) Christina E. Mills, James M. Robins and Marc Lipsitch：Transmissibility of 1918 pandemic influenza, Nature, **432**, pp.904–906 (2004)

29) L. F. Olsen, W. M. Schaffer：Chaos Versus Periodicity：Alternative Hypothesis for Childhood Epidemics, Science, New Series, **249** (4968), pp.499–504 (1990)

30) 稲葉　寿：感染症の数理モデル（増補版）, 培風館 (2020)

31) 山本哲朗：数値解析入門, サイエンス社 (1976)

32) James F. Epperson：An Introduction to Numerical Methods and Analysis (2nd ed.), Wiley (2013)

33) A. C. Hindmarsh：Stiff-system problems and solutions at LLNL, UCRL-87406; CONF-820425-2 (1982) (https://www.osti.gov/servlets/purl/5591091) (2021 年 7 月参照)

34) Karline Soetaert, Thomas Petzoldt and R. Woodrow Setzer：Package deSolve：Solving Initial Value Differential Equations in R (https://cran.r-project.org/web/packages/deSolve/vignettes/deSolve.pdf) (2021 年 7 月参照)

35) E. N. Lorenz：Deterministic Nonperiodic Flow, Journal of Atmospheric Sciences, **20**, pp.130–141 (1963)

36) SciPy.org：https://docs.scipy.org/doc/scipy/reference/generated/scipy.integrate.odeint.html (2021 年 7 月参照)

37) Danforth, Christopher M.：Chaos in an Atmosphere Hanging on a Wall, Mathematics of Planet Earth (2013) (http://mpe.dimacs.rutgers.edu/2013/03/17/chaos-in-an-atmosphere-hanging-on-a-wall/) (2021 年 7 月参照)

索　　　　引

—— 著 者 略 歴 ——

1991年　東京理科大学理学部数学科卒業
1993年　京都大学大学院理学研究科修士課程修了（数学専攻）
1994年　京都大学大学院理学研究科博士課程中退（数学専攻）
1994年　東京電機大学助手
1998年　株式会社日立製作所勤務
2003年　博士（理学）（大阪大学）
2004年　東北学院大学講師
2005年　東北学院大学助教授
2007年　東北学院大学准教授
2011年　東北学院大学教授
　　　　現在に至る

Python と実例で学ぶ微分方程式
— はりの方程式から感染症の数理モデルまで —
Ordinary Differential Equation with Python
— Learning via Many Real-World Examples, including Beam Equations,
　Mathematical Models of Infectious Diseases —　　ⓒ Masahiro Kaminaga 2021

2021 年 10 月 22 日　初版第 1 刷発行　　　　　　　　　　　　　　　★
2022 年 4 月 20 日　初版第 2 刷発行

検印省略	著　者	神　永　正　博
	発 行 者	株式会社　コ ロ ナ 社
		代 表 者　牛 来 真 也
	印 刷 所	三 美 印 刷 株 式 会 社
	製 本 所	有限会社　愛 千 製 本 所

112–0011　東京都文京区千石 4–46–10
発 行 所　株式会社　コ ロ ナ 社
CORONA PUBLISHING CO., LTD.
Tokyo Japan
振替 00140-8-14844・電話(03)3941-3131(代)
ホームページ https://www.coronasha.co.jp

ISBN 978-4-339-06123-9　C3041　Printed in Japan　　　　　（齋藤）